JN086961

改訂新版

おもしろ実験研究所

監修　高見　寿

おもしろ実験研究所編

まえがき

『おもしろ実験研究所』の改訂新版ができました。

　山陽新聞社が毎週日曜日に発行している子どもしんぶん「さん太タイムズ」の毎月第 3 週号には「おもしろ実験研究所」という科学実験を紹介した記事が載っています。対象は小中学生です。執筆しているのは、岡山県下の小中高校、大学の先生、企業の技術者や地域で科学実験ボランティアをしている人、科学の好きなお母さんなど、幅広いジャンルの方々です。

　この連載は 2008（平成 20）年 2 月に始まり、現在 13 年目を進行中です。2016（平成 28）年 5 月、初連載から 8 年を経過したとき、それまでの記事の中から 80 テーマを選んで『おもしろ実験研究所』という本を出版しました。それから 4 年半が経過した今、改訂新版を出版することになりました。今回はカラー版です。前回の出版後に掲載された実験や、前回の本に掲載された中からカラー版にふさわしいもの、さらにここで新たに書いたもの、これらを織り交ぜて 80 テーマを載せました。モノクロ印刷だったものがカラーになって、とても読みやすくなりました。シャボン玉や虹の記事は特に注目してもらいたいと思います。連載は、今年 9 月で 150 回を達成しました。

　みなさんは、ニュートンを知っていますか。万有引力を発見した 17 世紀のイギリスの科学者ですね。リンゴが落ちるのを見て万有引力を発見したといわれています。

　ニュートンがロンドンのケンブリッジ大学で学んでいたとき、イ

ギリスでペストが流行しました。ペストはとても恐ろしい病気です。大学は閉鎖となり、ニュートンは田舎に帰りました。このとき日頃から考えていたことをさらに深く考える時間ができました。地上のリンゴと天体の月と、同じ力が働いていると考えると、うまく説明できるということに気づきました。万有引力の発見です。田舎へ帰ったから急に思いついたわけではありません。ニュートンは、力がどのように働くのだろうかと、いつも考えていたから発見することができたのです。

　みなさんは、いつも考えている問題がありますか。すべてが解決できるとは限りませんが、考えていないことが急にできるということはありません。

　今年は新型コロナウイルスの影響で、３月からほとんどの学校が休校になりました。家にいる間、どんなことをしていましたか。することがなく、ぼんやりと過ごした人もいるかもしれません。一方で、日頃できなかったことをこの機会にやったという人もいたと思います。

　何か実験をすると、失敗することがよくあります。それでもめげずに努力を続けましょう。当たり前ですが、成功の秘訣は成功するまで続けることです。そうすれば、もしかして、ニュートンになれるかもしれません。

　この本が、そういうことの手助けになればうれしいです。

2020（令和2）年11月

おもしろ実験研究所　高見　寿

おもしろ実験研究所

① シャボン玉の色の秘密

　シャボン玉は晴れた日には特に色がきれいに見えます。シャボン玉が色づいて見えるのはなぜでしょうか？

　まずは観察に適したシャボン玉の液を作ってみましょう。

ぬるま湯：中性洗剤：洗濯のり

10　：　1　：　3

※洗濯のりは成分がポリビニールアルコールのものが良いでしょう。

　飛んでいるシャボン玉の色を詳しく観察するのは難しいので、大きめの食品トレイ（模様のない黒っぽい色のものが良い）にシャボン液を少し入れて、風のない所で、ストローを使いトレイの中に半球型のシャボン玉を作ってみます。このシャボン玉に当たった光の反射光を観察してみましょう。最初は色づいていませんが、しばらくすると上から青、緑、黄、赤の順に並んだ円形の光の帯が何本も見えるようになります。しかも、よく見ると帯の幅は下になるほど狭くなっており、一番上の色が見えない部分が広がるとシャボン玉は割れます。

　次に、針金で直径6cm程度の円形の枠を作って、シャボン液につけて膜を張ります。膜を垂直にして、当たった光の反射光を見ると、半球型のシャボン玉と同じ色の順番で反射した光の帯が何本も見えるようになります。また、下になるほど光の帯の幅が狭くなります。そして、一番上の色の見えない部分の幅が広がると膜は破れ

観察に適したシャボン玉液

ぬるま湯　中性洗剤　洗濯のり
10 : **1** : **3**

針金の枠

シャボン玉に当たった光の
反射光を観察してみよう！

ストロー

食品トレイ

ます。

　シャボン玉の色は、薄いシャボン膜の表面で反射した光と一度
膜の中に入って裏側で反射して出てきた光が影響しあって見える
のですが、膜の厚さによっていろいろな色が見えます。厚すぎた
り薄すぎたりすると人には色が見えません。シャボン膜の液は地
球の重力に引かれて次第に上の方が薄く下の方が厚くなります。
実際に飛んでいるシャボン玉は、風の影響などによって厚さや光
の当たる角度や観察する角度が変わるので変化に富んだ色が楽し
めるのです。（草薙　律）

② 葉っぱの中の空気を見よう

　いろいろな植物の葉っぱを集めてこよう。ちょっとした工夫で、葉っぱの中の空気を見ることができます。

　【実験1】沸騰させたお湯を耐熱性ガラスのコップに入れて、いろいろな葉っぱをピンセット（または箸）でつまんで中に入れてみよう。

　温めると気体は膨張します。植物の葉をお湯につけたらどんなことが起きると思いますか。

　サクラやツバキのような子葉が2枚の双子葉植物の葉っぱでは、裏側からだけ泡が出てきます。これは葉っぱの中の空気がお湯で膨らんで裏にある出口（気孔）から出てきているのです。アヤメやイネのような子葉が1枚の単子葉植物では、両側から出てきます。マツ（二葉マツ、五葉マツ）の葉ではどうでしょうか？（この実験は1枚の葉につき1回だけしかできません。繰り返すときは新しい葉を使ってください）

　【実験2】プラスチック注射器（50mLのものが見やすく、薬局などで売っています）の先にビニールチューブとステンレスコック（熱帯魚の水槽を売っているところにあります）を付けます（もともとコック付きのものも売られています）。この注射器に水を入れ、葉っぱを入れます。葉の表面に気泡が付かないように、注意して入れましょう。

　次にコックを開いて内部の空気が完全になくなるようにピストンを押して抜きます。コックを閉じ、少し力がいりますが、ピストンを引くと、葉っぱの中の空気が膨張して、裏や両側から泡が出てく

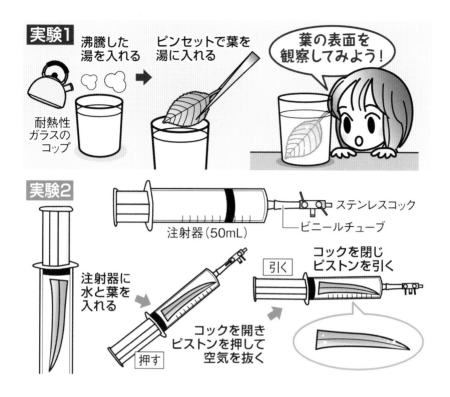

る様子が見えます。

　マツの葉であれば、20倍くらいのルーペや50倍の顕微鏡があれば、気孔を観察でき、そこから泡が出てくる様子が分かります。

　逆に押すと、気孔へ引っ込みます。普通の葉っぱの気孔は200倍くらいでないと観察できません。

　この葉っぱの空気の出入り口（気孔）は、植物が呼吸、光合成のために二酸化炭素の取り入れ、水蒸気の放出（蒸散と言い、根から水を吸い上げる力になっています）をするためにあります。

　植物の呼吸や光合成は教科書で誰もが習うことですが、ぜひ実験を通して自分の目で確かめてください。（喜多雅一）

3 無重力をつくろう

　宇宙飛行士の毛利衛さんは、1992 年 9 月 12 日にアメリカのスペースシャトル・エンデバー号で宇宙に飛び立ちました。毛利さんは体が宙に浮かんだ無重力状態で、いろんな物理実験をしました。

　あなたも無重力を経験したことはありませんか。エレベーターに乗って下に動き出すときに体が少しふわっと軽くなるように感じることがあります。エレベーターを支えるロープが切れたら大変ですが、もしその時に乗っていたら、あなたは宙に浮きます。これも無重力状態です。しかし、こんな実験はできません。

　そこで、エレベーターのかわりにペットボトルを、人のかわりに水を使って実験してみましょう。ペットボトルの側面に穴をあけ、キャップをはずして水をいっぱい入れると穴から水が飛び出します。持っているペットボトルを高い所から静かにはなしてみてください。飛び出していた水はどうなりますか？

　穴の所ではたらく空気の圧力（大気圧）と水圧を考えてみましょう。ペットボトルが静止していると、大気圧は同じ大きさで内と外から押しています。水圧が内から外に押している力によって水が外に飛び出します。手をはなすとペットボトルは動き出し、加速運動をします。すると、ペットボトルの中は無重力状態になり、穴の所で力が働かなくなり水は出なくなります。では、上に向かって投げてみたらどうでしょうか。どうしてそうなるのかを考えながら実験してみたら興味深いですよ。

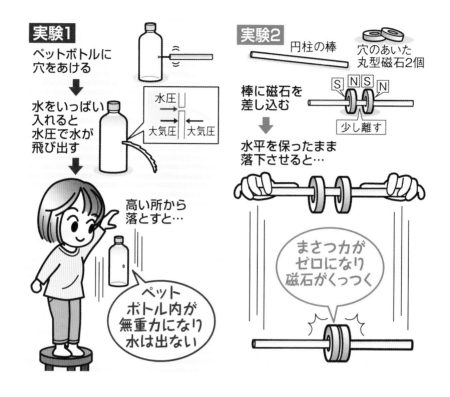

　もう一つおもしろい実験があります。円柱のなめらかな棒と、穴のあいた丸形磁石2個を用意してください。図のようにN極とS極を向かい合わせにして、くっつかない程度にはなして棒に差し込みます。棒を水平に保って両手を静かにはなします。2つの磁石がどうなるかを観察してみましょう。はじめはまさつ力と磁石の力がつりあって、磁石は動きません。手をはなすと棒が落下し、まさつ力がゼロになり、2個の磁石がくっつきます。もし、棒の上に小人が乗っているならば無重力を感じるはずです。みんなで観察したり、仲良く実験したりするとおもしろいですね。失敗することも大切です。何回でも挑戦しましょう。（田淵博道）

ペットボトルに吸い込まれる卵!?

　三角フラスコの口に殻をむいたニワトリのゆで卵を置き、フラスコ全体をお湯で温めます。すると、入らないはずの卵が中へ吸い込まれていきます。

　温めることで中の空気を追い出し、内部を減圧する実験です。見るだけでもおもしろく、人気があります。

　一般家庭にはフラスコがないため、「この実験、家でできたらいいのに」という意見が多く寄せられ、家庭で再現できるようにしたのが今回紹介する「ウズラ卵でぽぽんぽん！」です。

　準備物は、耐熱ボウル、殻をむいたウズラのゆで卵、ペットボトル、お湯です。ペットボトルは、熱に弱いものもあるので注意してください。炭酸用が硬くてお勧めです。

　手順は簡単です。何も入っていないペットボトルの飲み口に卵を置き、後は外側からお湯をかけるだけ。

　飲み口から泡が出て卵が動いたら、容器の中で暖められた空気が膨らんで、外へ逃げている証拠です。お湯を耐熱ボウルで受けると、より早く減圧できます。

　十分泡が出たな、というところでそのまま冷えるのを待つか、水をかけて急冷します。するとどうでしょう。

　卵が少しずつ吸い込まれていきませんか。「ぽん！」という大きな音がして楽しいです。飲み口にすぐ卵を置くと、連続で入れること

16

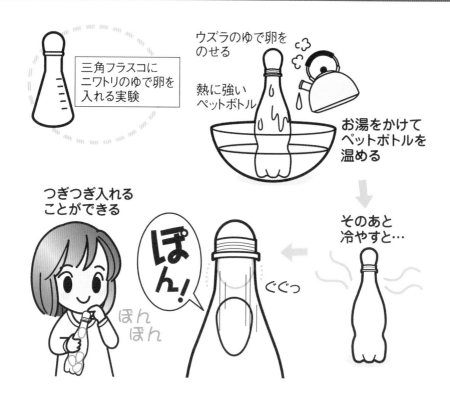

三角フラスコに
ニワトリのゆで卵を
入れる実験

ウズラのゆで卵を
のせる

熱に強い
ペットボトル

お湯をかけて
ペットボトルを
温める

そのあと
冷やすと…

つぎつぎ入れる
ことができる

ぽん！

ぽん
ぽん

ぐぐっ

ができます。

　中から出すときは、ペットボトルを逆さにして、先ほどと同じように お湯をかけると外へ押し出すことができます。

　外気温との差があったほうが成功します。気温が高いときは、熱めのお湯を用意してください。沸騰したお湯なら確実です。冬の時期だと、お皿を洗う程度の給湯器のお湯（37度前後）でもできます。

　科学実験はただ見ているよりも、実際に体験することでおもしろさが増してくるものです。ぜひ使い慣れている台所で、家族と一緒に挑戦してください。（辻　志帆）

5 "ふわふわ"ケーキの秘密

みなさんは、ホットケーキやシフォンケーキは好きですか？

ふわふわしていて、とってもおいしいですよね。"ふわふわ"の秘密を、カップケーキのレシピとともに紹介します。

【カップケーキの作り方】

①まず砂糖と牛乳を混ぜ、レンジで 10 秒温めて溶かします。

②ふるった薄力粉、ベーキングパウダー、溶いた卵、レンジで溶かしたバターと、①で用意した材料を混ぜ合わせます。

③カップに生地を 8 分目まで入れ、180℃のオーブンに入れます。10 〜 15 分焼いたら出来上がりです。チョコチップやココアを入れたり、ホイップクリームやフルーツでデコレーションしたりしても楽しいですね。

さあ、出来上がったカップケーキを切ってみましょう。中に穴がたくさん空いているのが分かります。この穴こそが生地をふわふわにしている秘密です。

では、穴はなぜできたのでしょう？

今回の材料の中に、穴を作った物があるのです。どれか分かりますか？

答えは……、ベーキングパウダーです。ふくらし粉とも呼ばれ、炭酸水素ナトリウムという物質でできています。炭酸水素ナトリウムは、加熱すると、炭酸ナトリウムと水、二酸化炭素に分かれます。

18

材料(小カップ6個分)
- 薄力粉 … 80g
- ベーキングパウダー … 小さじ1
- 卵(M) … 1個
- 砂糖 … 40g
- 牛乳 … 大さじ2
- バター … 30g

材料を
混ぜ合わせる

炭酸水素
ナトリウム

↓加熱↓

炭酸
ナトリウム

水　二酸化
炭素

気泡

カップに生地を入れ
180℃のオーブンで
10〜15分焼く

できあがり！

　カップケーキをオーブンで焼く際に、二酸化炭素が発生し、生地にたくさんの穴を作っていったのです。最近は、ホットケーキミックスやカップケーキミックスなど、牛乳や卵などを入れるだけで簡単にできるものも売られていますね。その中にも必ずベーキングパウダーは入っています。

　ちなみに、炭酸水素ナトリウムは、食べ物以外にもさまざまな分野に使われています。お風呂に入れる入浴剤の多くにも入っていますし、ドラッグストアなどでは、「重そう」という名前で売られています。お店に行ったら袋や箱に書いてある成分表示をぜひ見てみてくださいね。（滝沢有香）

6 ペットボトルで噴水を作ってみよう

　暑い夏の公園で涼を得られるものに、噴水があります。ところでこの噴水、どうやって水を噴き上げているのでしょう。

　多くのものは下にある池から水を電動のポンプで圧力をかけて噴き出させています。電気がない時代にもヨーロッパでは王宮の庭園などにたくさんの噴水がつくられていました。

　この水はいったいどうやって噴き出していたのでしょう。

　これは、図1のように高いところから水をとって低いところまでパイプの中を流し、水の圧力の差を使って噴き出させていました。石を使ったり、木を使ったり、陶器を使ったり、この大がかりな工事をさせられることが貴族や、王族たちの権威につながっていました。

　さて、難しい話はこれぐらいにして、水の高さの差（圧力の差）を上手に使って、流しの中で噴水を噴き上がらせてみましょう。手作りの噴水で仕組みを学びましょう。

　まず、ペットボトル（1.5L）と曲がるストロー、名刺大の紙1枚を準備します。

　図2のような装置を作ります。

　図3のようにペットボトルに水を入れるとストローの先から勢いよく水が噴き上がります。

　噴水の高さは、噴き出し口の高さaとペットボトルの水面の高さ

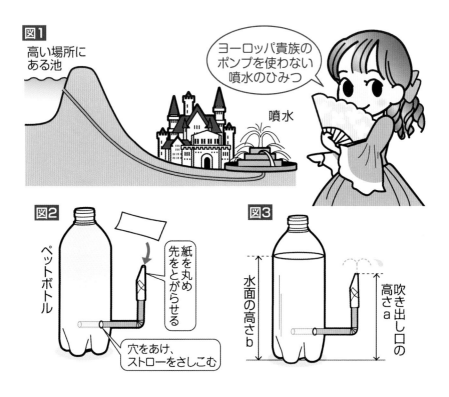

図1
高い場所にある池

ヨーロッパ貴族のポンプを使わない噴水のひみつ

噴水

図2
ペットボトル

紙を丸め先をとがらせる

穴をあけ、ストローをさしこむ

図3
水面の高さb
吹き出し口の高さa

bの差が大きければ高くなります。水の量を変えて試してみてください。

　この噴水では水面の高さbより高く上げることはできません。

　もっと高く上げる工夫をしたものにギリシャ時代の数学者ヘロンが考え出した「ヘロンの噴水」があります。

　「ヘロンの噴水」とは、ポンプといった水をくみ上げる動力を何も使っていないのに、入れた水の水面の高さより高く上がる不思議な噴水です。高い所にある水が下に落ちるときの力を利用したものです。これから噴水を見かけたら仕組みを考えてみると面白いかもしれませんね。(細川博資)

7 ゆっくり落ちる円板の不思議

「さあ取り出したのは、紙の筒と円板です。この円板を、筒の中に落としてみましょう」

「普通に落ちますね」

「『チチンプイプイのプィ～』と魔法をかけると……。あ～ら、不思議。同じように落としても、なかなか落ちてきません」

　準備するものは、ラップの芯の筒とお菓子の箱などで作った円板です。円板は筒の内側の円より少し（約1㎜）小さめに切ってください。

　さあ実験です。まず筒の中に円板を落としてみます。スーと落ちていきますね。次に魔法をかけて、筒の中に円板を落としたらすぐに、手で筒の上にふたをしてください。なかなか落ちてこないのではないでしょうか。この手品のタネは「ふた」なのです。

　最初は、手でふたをしない場合です。落とし方によっては斜めのままだったり、真横だったりしますが、円板は普通に落ちていきます。次に手でふたをした時はどうでしょうか。手のふたは上でも、下でも同じなので、下にふたをして、上から落ち方を観察してみましょう。円板を縦に入れても、すぐに真横になり、横の壁に当たりながら、フワフワと落ちていきます。ふたをされた筒の中では、円板は落ちるために、空気を押しのけながら落ちていかなくてはいけません。この作業が抵抗になり、フワフワとなるのです。しかも、落ちる円板は真横を向くため、空気から受ける抵抗は大きく、より遅く

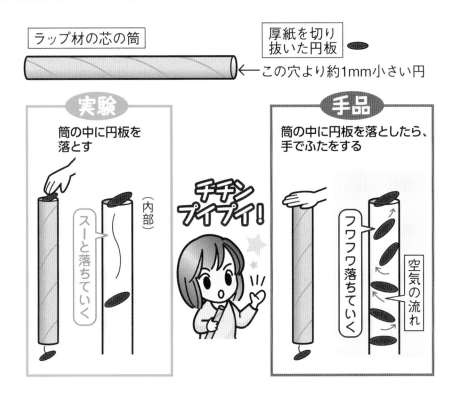

ラップ材の芯の筒

厚紙を切り抜いた円板

←この穴より約1mm小さい円

実験

筒の中に円板を落とす

スーと落ちていく

（内部）

チチンプイプイ！

手品

筒の中に円板を落としたら、手でふたをする

フワフワ落ちていく

空気の流れ

落ちます。

　これは飛行機が空を飛ぶ原理と同じです。斜めに落ちている円板では、下側の空気が、円板の底面に沿って下から上に流れていきます。それによって、円板の上面と底面に圧力差ができ、円板は壁側へと引き寄せられます。すると空気の抜け道が細くなりますので、空気は反対側を抜けるようになり、反対側が押し上げられます。今度は空気の流れが逆になり……というように、壁に当たることを繰り返しながら落ちていくのです。この手品を成功させるコツは、円板を斜めにして落とすことです。試してみてくださいね。（重松利信）

気圧計を作って天気予報に挑戦！

　春になる前に、たいてい「春一番」という強い風が吹きます。これは、日本海で、空気の大きな渦ができて発達するからです。春一番の渦は低気圧と言って、「気圧」が低い渦です。テレビの天気予報では、「春一番」について、「日本海にあった低気圧が急速に発達して春一番になった」というはずです。

　さて、地球は空気に包まれていて、空気には重さがあります。空気は動いているので、場所によって重かったり軽かったりします。空気の重さによる力を気圧といいます。軽い時は低気圧、重い時は高気圧です。天気は、気圧が低い時に雨や曇りになりやすく、気圧が高いとき晴れになりやすいのです。つまり、気圧の変化が分かれば、天気の変化を予想することができます。「気圧」は天気と深い関係があるのです。気圧は目で見ることができませんが、気圧の変化を見えるようにしたのが気圧計です。

　今回は簡単な気圧計を作ってみましょう。身近にある材料で作ることができます。

①ペットボトル（500mL）に、深さ3cmくらいまで水を入れます。水には食紅で色を付けます。

②ストローに5mmおきに印を付け、下から1cmくらい離して、油粘土で固定します。

③ストローから少し息を吹き入れます。色水が上がってきたら簡

① 500mLの
ペットボトル

食紅で色をつけた水を入れる

3cm

② ストロー

油性ペンで5ミリおきに印をつける

black pen

ストローの液面が上がる

気圧が低い…雨かな?

③

ストローから息を少し吹き入れる

色水が上がる

油粘土でストローを固定

底から1センチ上

液面が下がる

気圧が高いから晴れるかも

　単な気圧計の完成です。

　気圧を知りたいときは、ストローの中の液面を見ます。液面が上がった時は気圧が低く、雨や曇りになりやすいです。逆にストローの液面が下がった時は気圧が高く、晴れになりやすいです。

　ストローの液面の高さは、温度の変化の影響も受けます。気温が上がると、内部の空気や水が膨張するからです。気温が下がると、その逆になります。

　この気圧計で予想しても、必ず当たるというわけではありません。しかし、自分で作った器具で、天気予報ができるなんて、すごいことですね。（敷田可奈）

9 磁石でモールの花を咲かせよう

　磁石を使って遊んだことがある人は多いのではないでしょうか？

　最近は 100 円ショップにもとても強力な磁石が売られていて、簡単に手に入れることができるようになりました。今回はそんな磁石を使ったおもちゃを作ってみましょう。

【用意するもの】

ペットボトル（1.5L）

モール

超 強力マグネット（磁石）小

　まず、ペットボトルに半分より少し多めに水を入れます。その中に、3cm程度の長さに切ったモールを数本入れてみましょう。ほとんどのモールは水に浮かんでいるはずです。

　ペットボトルの外側から、水面あたりに超強力磁石を近づけてみましょう。モールは磁石にゆっくりと引き付けられ、最後はペットボトルの壁を挟んで花びらのようにくっつきます。

　くっついたら磁石をゆっくりと動かしてみましょう。水の中でも外でも自由に動かすことができます。この磁石はとても強力なので、新聞を間に挟んでもモールは引き付けられたままです。

　どうしてモールは離れている磁石に引き寄せられて、花びらのようにくっついてしまうのでしょうか？

　モールの芯には鉄が使われています。そして、磁石からは磁力

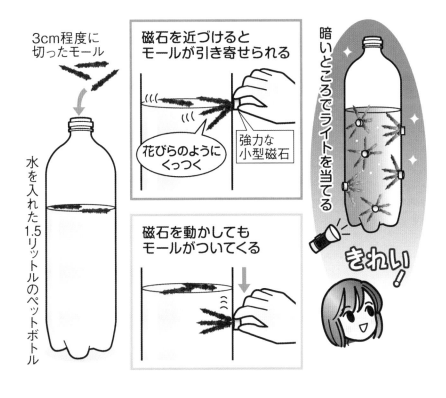

3cm程度に切ったモール

磁石を近づけるとモールが引き寄せられる

花びらのようにくっつく

強力な小型磁石

磁石を動かしてもモールがついてくる

暗いところでライトを当てる

きれい！

水を入れた1.5リットルのペットボトル

線というものが出ています。強い磁石ほど磁力線がたくさん出ています。

　この磁力線は、ペットボトルの壁や紙、水を通り抜けることができるので、離れていてもモールの中にある鉄が引き寄せられ花が咲いたように見えるというわけです。

　磁石はいくつかセットになって販売されているので、いくつかの磁石といろんな色のモールを使い、ペットボトルの中にたくさんの花を咲かせてみましょう。

　完成したら暗いところで下からライトを当ててみてください。モールが光を反射してとってもきれいですよ。(近藤英樹)

⑩ かんたん光のマジック

　今回は光の反射や屈折を利用したかんたんなマジックを紹介しましょう。

【用意するもの】

透明なプラスチックのコップ2個▽きり▽油性ペン（何色でもいい）▽おけ▽水

(1) 一つのコップの底の中心にきりで穴をあけ（①）、もう一つのコップの側面に絵や文字をかきます（②）。コップ①をコップ②にかぶせます。

(2) 重ねたコップの底を上にして、穴を指でふさぎながら水を入れたおけに沈めます。

(3) 穴を指でふさいでいる間は絵や文字は見えません。指を離すとコップ②の絵や文字が見えてきます。

　光は基本的に直進します。しかし材質の違う物を通過するとき方向が変わります。「光の屈折」と言います。屈折がある角度以上になると、光は通過しなくなります。この現象は屈折の特別な例の一つで、「全反射」と言います。

　実験で、穴を指でふさいでいるときコップ①まで届いた光は重ねたコップの間にある空気で全反射します。その結果、コップ②の絵や文字には光が届かず「見えなく」なります。指を離してコップの間に水が入ると全反射しなくなり、絵や文字に光が届いて見えるよ

図1

きりで穴を"""開ける

プラスチックのコップ

①

油性ペンで絵を描く

②

かぶせる

穴をふさぎながら水に入れる

図2 水を入れたガラスコップをコインの上に置く

コインが見える!

見えない

ぬらしたコイン

コイン

指でふさぐ

空気

屈折

全反射

水

見えない…

指をはなす

屈折

見えた!

うになるのです。

　同じように、水を入れたガラスコップ（なるべく凹凸がなく底が薄いもの）をコインの上に置くと、真上からはコインが見えますが、斜めからはコップの下の空気で全反射して見ることができません。コインを水でぬらしてからコップを置くと、空気がなくなるので全反射せず見ることができます。【図2】

　光の屈折は身近にあります。雨上がりの虹や輝く宝石、「光ファイバー」などです。

　興味をもって調べると、楽しい発見に出合えるかもしれませんね。

（亀山　朗）

11 卵の殻を溶かしてみよう

　みなさんは鍾乳洞に行ったことがありますか。新見市にはたくさんの鍾乳洞があり、井倉洞は特に有名です。日の光があたらない洞窟の中は一年中同じ温度で、冬は暖かく夏は涼しく感じられます。

　ところで鍾乳洞ですが、石灰岩が地下水に溶けて穴があいてできたものです。今回はそれを台所で再現する実験を紹介します。

　生卵を割らないように気をつけて殻のままよく水で洗って、透明な容器に入れ、卵が十分ひたるくらいの酢を注ぎます。ラップで軽くふたをして、卵の様子を観察します。

　酢を注ぐと、すぐに卵の表面にびっしりと小さな泡がつき、やがて沈んでいた卵が浮き上がります。数日たって卵を取り出してみると、かたい殻はなくなりぷよぷよしたゴムボールのようになっています。やさしく水で洗えば、中の黄身が透けて見えるはず。

　どうして殻はなくなったのでしょう。卵の殻は、炭酸カルシウムという物質でできています。ほかに身近なものでは、貝殻や黒板に書くチョークも同じです。それを酢の中の酢酸という物質が溶かしたのです。青色のリトマス紙を赤く変える「酸」は、炭酸カルシウムと反応して、気体を出しながら溶かします。その気体は炭酸飲料から出る泡と同じ二酸化炭素です。

　鍾乳洞の話に戻ります。石灰岩は卵の殻と同じ、炭酸カルシウム

鍾乳洞

ラップ

酢

生卵

酢

二酸化炭素

炭酸カルシウム

酢酸

ぷよぷよ！

からできています。地下水は、空気中の二酸化炭素が溶けて薄い酸になっています。酢酸と同じ「酸」ですね。このとても薄い酸が、何万年もかけて石灰岩を溶かすのです。

　この実験は、わたしが小学生のころ、夏休みの自由研究でやったものです。２日間、卵の様子をビデオに撮り、それを早送りしながら「〇時間×分、卵がゴロリと動いてひっくり返った」などと記録しました。

　この実験の不思議は、中学校、高校と理科の学習が進むにつれて解けてきます。でも、殻の溶けたぷよぷよの卵を割るときのわくわく感は、今も変わりません。（佐々木和憲）

12 保冷剤で芳香剤作ろう

　ケーキを買ったとき、温度を低くしおいしさを保つため、保冷材を入れてくれます。保冷材といえば、以前はドライアイスでした。最近は繰り返し使える保冷材が主流です。ふと気づくと冷凍庫の中に、たくさんたまっていませんか。

　保冷剤は何からできているのでしょうか。

　現在、主流になっている保冷材の主成分は、高吸水性ポリマーと言われるものです。紙おむつに使われている吸水材といえば、分かりやすいでしょうか。

　高吸水性ポリマーは、分子が網目のようにつながっていて、その間に水を保つことができるのです。そして、自分の重さの100～1000倍もの水を取り込むことができます。プルプルのゲル状（こんにゃく状）になり、多少の衝撃があっても水分を出しません。

　保冷材の中身の90％以上は水です。残りは高吸水性ポリマー、防腐剤、形状安定剤などです。それらを袋に入れて密封してあります。冷凍庫で凍らせて、繰り返し利用できるので、資源の無駄がないですね。

　今回は保冷材を使って、自分好みの芳香剤を作ってみましょう。

　まず保冷剤を解凍し、ぷよぷよの状態にしておきます。袋を切り、中のものをジャム瓶のような広口瓶に入れます。

　その上から、においのもとを垂らします。好きなアロマオイルは

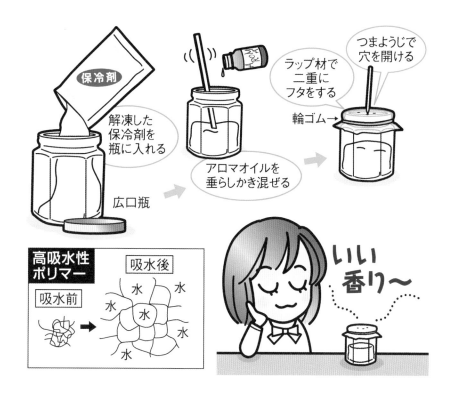

どうでしょうか。

　割りばしでかき混ぜます。

　瓶の口をラップで二重にフタをして、輪ゴムでしっかり止めます。つまようじなどで、ラップに数カ所穴を開けます。これで完成。徐々によい香りが広がってくるはずです。

　穴の大きさと数で、香りの強さを調節してください。高吸水性ポリマーが水の蒸発速度を遅らせるので、香りも長持ち。

　直射日光が当たらなければ、1週間程度はもちます。香りが強めの方が良ければ、ラップ不要。ただし瓶を倒さないでね。自分の机の上にでも置いて、よい香りを楽しんでください。（小畠清志）

「残像」を使って アニメーションを体験！

　人間の目が光を受けたとき、目の中に「像」ができます。光が消えても目の中に「像」が残ります。これが目の錯覚の一つ「残像」です。

　「残像」を体験できる、簡単な実験をしてみましょう。手を広げて指を見てください。動いていないときは、はっきりと見えます。上下に振ってみましょう。だんだん指がぼやけてきますね。はやく動くものを見ると、目に「残像」が残っているにもかかわらず、次々に光が入ってくるので「像」が重なり、ぼやけて見えるのです。

　それでは、はやく動くものがはっきりと見える、おもちゃを作ってみましょう。準備するものは、黒い画用紙、押しピン、鉛筆、鏡、はさみ、のりです。

　まず、紙で直径12cmくらいの円盤を作ります（図を拡大コピーしてもいいです）。円を描いた紙を黒い画用紙にのりで貼り、円を切り抜きます。円の中心を通るように線を引いて8等分し、それぞれの範囲のほぼ中央に絵を描きます。何でも良いですが、今回は一番簡単な矢印にします。同じ大きさ、同じ向きに、なるべく太くはっきりと描きます。円を分割した線の端を幅2mm、長さ2.5cm分切り取ると円盤の出来上がりです。

　円盤の絵の反対側から、押しピンで鉛筆の端に取り付けたらおもちゃの完成です。

　それでは遊んでみましょう。絵を鏡に映して、円盤を回します。

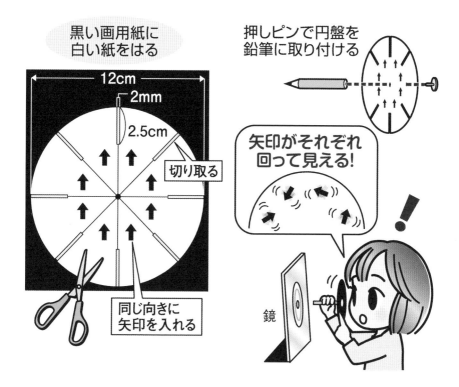

切り取ったすきまを通さず鏡に映った絵を見ると、ぼやけて、はっきり見えませんね。

　次に、切り取ったすきまを通して、鏡に映った絵を見ると、円盤の回転と同じ方向にすべての矢印（やじるし）がくるくる回っているように見えますね。

　これは、すきまを通して絵を見ているときだけ目に「像」ができ、円盤で隠（かく）れたところでは「像」ができないため「残像」が重ならず、はっきり見えているのです。

　このおもちゃを「フェナキスティスコープ」といいます。アニメーションやテレビの原理（げんり）になっています。（山村寿彦）

14 万華鏡を作ってみよう

　みなさん、万華鏡は物理学者の手によって発明されたということをご存じですか？　スコットランドの物理学者、ブリュースターという人が、1816年に発明し、翌年特許を取得しました。ブリュースターは光の分野でたくさんの重要な法則を発見した人物です。もともと万華鏡は最初は科学用に測る道具として発明されましたが、その後玩具として広まったそうです。

　ここでは万華鏡の中でも、ガラス球によってゆがめられた外の景色を模様としてみる「テレイドスコープ」と呼ばれる種類の万華鏡を、100円ショップなどで手に入る身近なものを利用して作ってみましょう。

　使うものは、表面がツルツルしていて、傷のついてない下敷きと、ビー玉かそれと同じくらいの大きさのガラス球（透明なものか、色の薄いものの方がキレイです）、ビニールテープです。

　まず下敷きから細長い長方形の板を3枚はさみで切り出しましょう。そして、長い辺同士がとなり合うように並べて、ビニールテープでつなぎ合わせます。

　次に、テープが外側になるように、また角にすき間ができないように板を三角柱にしてテープで留めます。実はこれだけで、中をのぞくと万華鏡のように見えます。これは、板の表面で鏡のように光が反射しているからです。そして最後に、三角柱の底面のどちらか

15cm×1.5cm×3枚

切り口でケガ
しないようにね

下じき

材料

ビニールテープ

ガラス球

テープで三角柱になるようとめる

半分
かくれるくらい

ガラス球をテープで固定

きれい〜

※太陽を見ないでください

一方に、ガラス球をテープで半分くらいかくれるように巻き付けて留めれば完成です。

　さぁ、ガラス球を付けていない方から中をのぞいてみましょう。鏡を使ったものほどキレイではありませんが、たくさんの模様がつながって見える万華鏡ができていますね。特に蛍光灯（けいこうとう）など光るものを見ると、とてもキレイです。いろいろなものを、この万華鏡を通して見てください。今まで見てきたのとは異なる景色（けしき）が、目の前に広がりますよ。

　ただし観察（かんさつ）をするときは、太陽を直接見ないようにしてくださいね。太陽の光はとても強いので、目を痛めてしまうおそれがありますから。（藤田　学）

15 風船電話にチャレンジ

　みなさんは、糸電話を作ったことがありますか。

　コップの底に糸を取り付け、糸のもう一方の端に別のコップを付けます。糸をピーンと張ってコップに向かって話すと、振動が糸を伝わり、相手に声が聞こえる仕組みです。遠くてもよく聞こえて楽しいです。

　では、糸を風船にしたらどうでしょうか。この場合は風船が振動して声が伝わり、同じように会話ができます。

　作り方は簡単です。紙コップの底に切り込みを入れて、風船を差し込む穴を開けます。そこに、膨らませた細長い風船を差し込みます。反対側もコップに差し込みます。これで風船電話の完成です。紙コップに絵を描いたりして、世界でひとつだけの風船電話を作りましょう。

　次は風船電話で話してみます。

　小さな声でも、大きな声がしっかり伝わるのでびっくりするはずです。風船のところをたたいたり、こすったりしてみてください。おもしろい音が聞こえますよ。

　この風船電話は、大勢の人と話せるというすごい技もあります。ちょっと大きめの紙コップや紙の箱などの側面に風船の差し込み穴を開け、風船電話の片方を差し込みます。なんだかおもしろい形の風船電話ができました。さあ何人で話ができるかな。

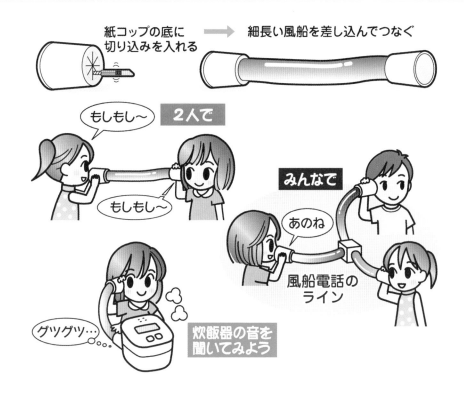

紙コップの底に
切り込みを入れる　→　細長い風船を差し込んでつなぐ

もしもし〜
2人で
もしもし〜

みんなで
あのね
風船電話の
ライン

グツグツ…
炊飯器の音を
聞いてみよう

　風船聴診器にも挑戦してみましょう。風船電話の片方の紙コップを聴診器のようにして普段聞こえない音を探してみます。

　聴診器を当てるようにして、炊飯器の横にコップを当ててみると、グツグツとご飯が炊けている音が聞こえますよ。目覚まし時計や部屋の壁に当ててみましょう。どんな音が聞こえましたか。自分の体の心臓あたりはどうですか。

　小さな音もこの風船聴診器で聞くとはっきりと分かります。簡単な装置でも、いろいろな発見ができますね。

　さあ、身の回りのいろいろな音を探してみましょう。（玉井とし子）

16 虹をつくろう

　夕立の後、空に虹がかかっているのを見ることがあります。自然がつくった美しさの代表のようなものです。真夏のある日の午後、暑かったところへ夕立があって、気温が下がって涼しくなり、きれいな七色の虹が出ている。そんな情景を想像してみましょう。今回は虹の話です。

　雨上がりに「虹が出ているかなあ」と空を探します。虹は空のどこに出ているでしょう。

　虹は太陽と反対側に見えます。夕方には太陽は西の空にありますから、虹は東の空に見えます。虹の円形の中心は、太陽と頭を結んだ直線の先にきます。虹の下半分は地表に隠れて見えません。

　虹をつくってみましょう。夕方でなくてもできます。アイロンをあてるときに使う霧吹きを準備します。霧吹きに水を入れ、太陽を背にして、シュッシュッと吹きかけます。前方の霧が浮かんでいるところに虹が見えます。虹は、太陽、頭、虹の中心を結ぶ直線から約 42 度の位置に見えるはずです。

　霧の量が少ないので、一度では円形には見えません。空中から虹を探すような感じで吹きかけてください。虹が丸くできているのが分かります。太陽の光が水滴の中に入り、屈折して出てきます。色によって出る角度が違うので色が分かれて虹に見えます。

　塩水で虹をつくってみましょう。もう一つ霧吹きを準備します。水 100 g 当たり 36 g の食塩を溶かします。濃い食塩水ができます。

しばらく置いておいて、透明になったら霧吹きに入れます。これで虹をつくってみましょう。真水と同じように虹ができます。

　今度は、右手に真水、左手に食塩水を入れた霧吹きを持ちます。空中の同じ位置に、左右交互に、シュッシュッとやってみてください。真水の虹が外側に、食塩水の虹が内側にできます。光は、食塩水の方が大きく屈折するので、食塩水の虹は、真水の内側で36度の位置にできます。

　虹は、赤、橙、黄、緑、青、藍、紫の七色に分かれるといわれています。本当に七つの色が見えるでしょうか。虹をつくって数えてみましょう。（高見　寿）

17 "魔法の液体"で忍者に変身!?

みなさんは「忍者」を知っていますか。

手裏剣を使ったり、水の上を走ったりしている場面をテレビなどで見たことがあるでしょう。実は特別な訓練をしなくても、忍者に変身できます。

"魔法の液体"を作れば、水の上で立ったり走ったりすることが可能になるのです。

用意するのは、台所にあるボウル、片栗粉300ｇ、水150ｇです。片栗粉と水は２：１の割合です。

作り方は簡単です。

ボウルに片栗粉と水を入れ、しっかり混ぜると完成です。

ボウルからお団子ぐらいの量を取り出し、丸めます。力を加え続ければ固まったままですが、力を抜いたとたんに液体に戻り、手からこぼれ落ちていきます。不思議ですね。

これは「ダイラタンシー」といわれる現象です。外部から力を加えると、片栗粉の粒子の間のすき間が狭くなり、水を押し出して固まります。力を加えるのをやめると、すき間が広がって粒子の間に水が入り込み、元の液体へ戻る仕組みです。

いよいよ忍者になってみましょう。

両足が入るぐらいの大きな洗面器を用意してください。材料はボウルの時と一緒で、片栗粉と水ですが、量は多めに用意してください。

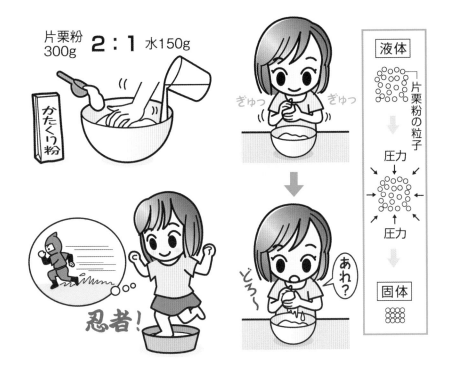

片栗粉
300g　**2：1**　水150g

かたくり粉

ぎゅっ　ぎゅっ

どろ〜　あれ？

忍者！

液体

片栗粉の粒子

圧力

圧力

固体

割合も２：１に調整し、しっかり混ぜます。

　出来上がった液体の上に両足を置き、立ってみましょう。

　足は沈んでいきますね。速いスピードで足踏みをしたらどうでしょうか。あら不思議。足は沈みません。まるで忍者のように水面を走っているようです。足踏みをやめると、足は液体の中に沈んでいきます。この現象もダイラタンシーです。

　防弾チョッキも同じ仕組みで作られています。警察官が拳銃から身を守るために着る特殊な服です。普段は柔らかい素材ですが、銃弾の衝撃を受けた瞬間に固体のように硬くなり、貫通を防ぐことができるというわけです。（三上久美）

18 赤色＋緑色＝黄色？

　みなさんは色を混ぜたことがありますか？　実は、色の混ぜ方には２通りの方法があります。カラーシートとカラーミラーを作って実験をしてみましょう。

　まず、３枚の透明なプラスチックの板に、赤・緑・青の油性のマジックで１色ずつ薄く均一に色を塗り、３色のカラーシートを作りましょう。そして、太陽光の当たる地面に白い紙を置き、紙の30cm上からカラーシートをかざして光を通すと、白い紙にシートの色が映ります。

　では、カラーシートを重ねて色を混ぜてみましょう。①赤＋緑＝？②緑＋青＝？　③青＋赤＝？　できたかな？　答えは、①茶色②濃い緑色　③紫色です。これは絵の具と同じですね。

　次に、３枚の鏡にそれぞれ食品用ラップを張って、同じように薄く色を塗ります。黒い紙を日陰に立てかけ、カラーミラーで太陽光を反射させると、黒い紙にミラーの色が映ります。両手でカラーミラーを持って、色を混ぜてみましょう。①赤＋緑＝？　②緑＋青＝？③青＋赤＝？　できたかな？　答えは、①黄色　②水色　③桃色です。シートと違いますね！　なぜでしょう？

　目の網膜には、赤・青・緑色の光を感じる３種類の細胞があります。赤色の光を見ると赤の細胞だけが反応して赤色に見えますが、赤色と緑色の光を同時に見ると、赤と緑の細胞が同時に反応して黄色に

プラスチックの板

油性ペン

太陽の光にかざす

色の三原色

白い紙

ラップを張る

鏡

GREEN

太陽の光を反射させる

光の三原色

黒い紙を日陰に立てかける

見えます。同じように、緑と青が反応すると水色、青と赤が反応すると桃色、3つすべてが反応すると太陽光のように白色に見えます。これがカラーミラーの色の混ぜ方で、加色混合（かしょくこんごう）といいます。

　一方、赤のカラーシートに太陽光（白色）を通すと、赤の光は通りますが、緑と青の光は通りにくく、2色が減（へ）ります。緑のシートは赤と青が、青のシートは赤と緑が減ります。赤と緑のシートを重ねると、赤1、青2、緑1の割合で色が減り、茶色に。同様（どうよう）に緑と青のシートは赤が2減って濃い緑色に、青と赤のシートは緑が2減って紫色になります。これが絵の具の色の混ぜ方で減色混合（げんしょくこんごう）といいます。（廣田裕一）

19 てこの原理利用した「モビール」

　みなさんは、シーソーという遊具で遊んだことがあるでしょうか。最近は公園で見ることも少なくなってきたように思います。シーソーは、互いの体重と中心からの距離を考えて座ることで、体重差があっても相手を持ち上げることができます。考えて座れば、水平につり合うように座ることもできるのです。すごいですね。

　重い物体でも小さな力で動かすことができる。そんなことを可能にするシーソーは「てこの原理」の働きを利用している遊具の一つです。

　今回は、この原理を利用してちょっとしたアート作品「モビール」を作ってみましょう。

　用意するものは、竹ひご数本と裁縫用の軽い糸、おもりの役割を果たす飾りです。

　作るのは簡単ですが、少しでもバランスを崩すと傾いてしまうので集中力が必要です。

　最初に、１本の竹ひごの中央に糸を結びつけ上からつるします。水平になりますね。その両端に別の竹ひごと飾りをつるしていきます。結びつける際は竹ひごが水平に保てる場所が必ずあるので、それを探しながら作っていきます。

　下につるす飾りの数と竹ひごの数が増えてくると、もともと水平だった竹ひごの糸の位置を少し変えていかないといけません。モビ

ールを組み立てていくと、飾りの重さとつるす糸の位置にある規則（きそく）があることに気付く（きづ）でしょうか。気付いた人はすごいですね。

　糸をつるす位置は、竹ひごの中央ではなく、飾りが重い方に片寄（かたよ）っています。その決まりに気付くと、つるす位置をすぐに発見できて、モビールはもっと簡単に作れるようになりますよ。

　すべての竹ひごがちょうど水平になったときにはすっきりとした快感（かいかん）が得（え）られます。

　出来上がったモビールを見ると、ちょっとしたアート作品のようですね。自分の部屋に飾って眺（なが）めてみると、楽しい気持ちになりますよ。（宗田晋太郎）

20 透明カプセルがレンズに

　コインを入れてハンドルを回すとどれが出てくるか、わくわくするおもちゃがありますね。「ガチャガチャ」の名で親しまれていますが、その透明なプラスチックのカプセルに水を入れると、虫眼鏡ができます。水そうを用いると、いつも中の物が大きく見えるだけではなく、時には小さく見えたりします。

　これは一緒に勤めていた先生が、中にフィギュアが入ったガチャガチャのカプセルで、お子さんとお風呂で遊んでいた時に気がついたことです。

　なぜこのような現象になるのでしょうか。では、プラスチックのカプセル（透明なら何でもよい）を用意しましょう。その上と下に、指でふさげる程度の穴を開けておきます。きりで開けてもいいですが、においがあまり気にならないようなら、はんだごてで溶かして開けると簡単です。

　カプセルの中に水に強いシートに絵を描いたものや、ぬれてもいいフィギュアなどを入れておきます（図①）。上下の穴を指でふさいで、水をいっぱい入れた透明な水槽に入れたら、どのように見えるでしょうか。反対に指をゆるめて穴から水を入れ、カプセルいっぱいに水を満たしときはどうでしょうか。

　次は、再び指で穴をふさぎ水が満たされたカプセルを空中に出してみましょう。今度はどんなふうに見えるでしょうか。

　レンズは身近なところに隠れています。光は種類が違う物質（例え

48

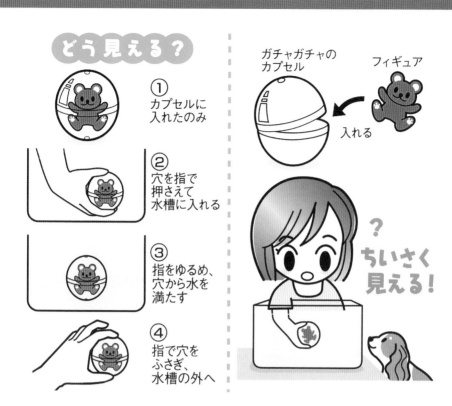

ば、空気と水、空気とガラス）に出入りするときに曲がります。これを
屈折_{くっせつ}といいます。水を満たしたカプセル（**図④**）は、空中では表面が
凸レンズとなりますが、水中では同じ物質のため屈折せずに大きく
見えません（**図③**）。

　逆にカプセル内を空気にして（**図②**）水に浸_つけると、水そうの水と
カプセルの表面で凹レンズができ、光が屈折して小さく見えるとい
うわけです。

　カプセルに入ったフィギュアや、容器がふくらんでいるゼリーな
どは、凸レンズの原理_{げんり}をうまく利用して中身_{なかみ}を大きく見せているん
ですよ。（東　伸彦）

21 化学変化で冷却パック作り

　暑い時に欠かせないのが冷却パック。袋をたたくと冷たくなる便利なグッズです。

　今回は熱中症予防にも強い味方になる冷却パック作りに挑戦してみましょう。

　まず、市販されている冷却パックを観察してみます。

　パックを"分解"してみると、中には白い粒状のものと液体の入った小さなビニール袋が入っていることが多いです。実は粒状のものは尿素と硝酸アンモニウム、液体は水なのです。

　外から強い衝撃を与えてビニール袋を破ると、尿素と硝酸アンモニウム、水が混ざります。この時、冷たくなるというわけです。

　なぜ冷たくなるのでしょう。"冷え冷えパワー"のような物質が袋の中で出来上がったのでしょうか。そうではありません。尿素は水と混ざり合う際に、周囲の熱を奪いながら溶ける「吸熱反応」という化学変化を起こします。冷却パックはその仕組みを利用して作られているのです。

　逆に、塩化カルシウムのように、水と混ざると発熱する物質もあるんですよ。化学変化についていろいろ調べてみるのもおもしろいですね。

　仕組みが分かったところで、実際に作ってみましょう。

まず、チャック付きのポリ袋を用意し、尿素を約100g入れます。

　尿素は家庭園芸用肥料として、ホームセンターなどで販売されています。次に、薄いビニール袋に約100mLの水を入れて閉じ、チャック付きポリ袋に入れ、しっかり閉じれば完成です。

　外側の袋をたたいて中のビニール袋を破ってみましょう。尿素が水に溶け、吸熱反応が起こり始めます。するとどうでしょう。しばらくの間は冷たい状態が続きませんか。

　尿素は飲むことはできないので注意が必要です。実験後は流しに捨て、ビニール袋はごみとして処理しましょう。

　尿素は多めの水で薄めることで、肥料として植物に与えることもできますよ。（髙原　遼）

22 手で太陽の高さを測ろう

　太陽の高さは時間や季節によって変化します。南の空に一番高く昇った時の高さを南中高度と言い、太陽の位置と水平線との角度で表します。では実際にどれぐらいの高さなのでしょうか。調べる時は太陽を直接見ないように日食グラスなどを利用してください。

　一番身近な道具は"手"です。空を測るときには角度を使います。こぶしを握って腕をいっぱいに伸ばすと、こぶしの大きさ（横幅）は約10度、さらに親指を立てると約15度になります。

　同じように、太陽以外の天体の高さや見掛けの大きさも測ることができます。

　例えば日本で見られる北極星の地平線からの高さは約35度です。また太陽や月の見掛けの大きさ（直径）はたったの0.5度。小指の幅が約1度なので太陽や月は小指の約半分の大きさです。

　もう少し正確に知りたくなったら、棒を使ってみましょう。まずは身近にあるストローとつまようじでチャレンジです。ストローに幅1cmほどの紙を指輪のようにまき、自由に動かせるようにします。その紙につまようじを固定したら完成です。

　使い方は簡単。太陽の高さを測りたいときは、ストローを水平にして、つまようじの先が太陽と重なるところまで動かします。位置が決まったら、角度を分度器で測ってみましょう。これが太陽の高度です。

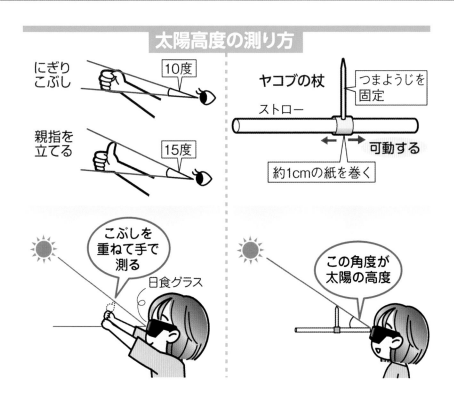

太陽高度の測り方

にぎり
こぶし 10度

親指を
立てる 15度

ヤコブの杖 つまようじを
固定

ストロー

可動する

約1cmの紙を巻く

こぶしを
重ねて手で
測る

日食グラス

この角度が
太陽の高度

　ぜひ時間ごとや毎日観測して、太陽の高度の変化を調べてみましょう。目盛りを入れ自分仕様に改良するのもお勧めです。

　この棒は「ヤコブの杖」または「クロススタッフ」と呼ばれます。紀元前400年ごろに考案され、16世紀ごろには船乗りにも使われるようになりました。広い海では空の天体が唯一の目印なので、この棒を使って太陽や星の位置（高さ）を観測して方角を決めていたのです。後に正確に測るための道具・六分儀なども作られました。現在はＧＰＳの発達で補足的な役割となりつつありますが、まだまだ便利な道具の一つです。（粟野諭美）

23 手作り火山で噴火の不思議を考えよう

　火山の噴火。

　日本では度々報道されるニュースですよね。噴火によってできる山を火山といいます。東京都の三宅島や長崎県の雲仙普賢岳、鳥取県の大山も火山なのです。

　これらの火山はごつごつしていたりなめらかだったり、高くて急な傾斜の山だったり、平たい形の山だったりとそれぞれ違った形をしています。

　どの火山も同じように噴火でできた山なのにどうして形の違う山ができるのでしょうか。

　その謎の一つを解くヒントになる実験を紹介したいと思います。

　用意するものは石こう、ＰＶＡ洗濯のり、重そう（お掃除用でかまいません）、280mL のホット対応のペットボトル２本（ホット対応のふたの方がやわらかいので穴をあけやすい）、きりなど穴を開ける道具、直径 20 〜 25㎝程度の紙皿２枚、カッターナイフ、割り箸などです。石こうはホームセンターなどに、洗濯のりや重そうは 100 円均一のお店などに売ってあります。

　実験の手順は図の通りです。

　①では、紙皿の上にペットボトルのふたを置いて円をかき、その中を８等分になるよう切り込みを入れてください。その後、皿の裏を上にして折り、切り込みを入れた部分を立たせてください。これが、

1

直径7mmの穴を開ける

8等分の切り込みを入れる

紙皿

ペットボトルのふたと同じ大きさの円

紙皿を裏返して切り込みを起こす

280mLのペットボトル

2

PVAのり　石こう

PVAのりと石こうをよくまぜてペットボトルの9分目まで入れる

Ⓐ

PVAのりと石こうが9：1の割合

Ⓑ

PVAのりと石こうが4：6の割合

3 A、Bのペットボトルにそれぞれ重そうを大さじ2杯入れ、よくまぜてふたをする

重そう

Ⓐ

10〜15秒まぜる

Ⓑ

4 紙皿をかぶせて穴から出てくる石こうの様子を観察しよう

もこもこ

Ⓐ

Ⓑ

④で、ペットボトルに差し込むと、地上として見立てることができるのです。

　A、Bの2種類の違うねばりけのマグマ（石こうとPVA）で実験することによって、噴火してできた山の形に大きな違いができます。

　Aはねばりけが小さいので平べったい三原山のような、Bはねばりけが大きいのでごつごつしていて高いドーム状の昭和新山のような山ができるのです。

　ねばりけを変えると違った形の山ができるので、いろいろと試してみてもおもしろいと思います。（田脇綾子）

24 ポップコーンの秘密

　みなさん、映画館や遊園地などでポップコーンを食べたことがありますか。塩味やキャラメル味のポップコーン。おいしいですよね。これらのポップコーンは、乾燥させた「爆裂種」といわれるポップコーン用のトウモロコシが材料です。このトウモロコシに熱を加えて、はじけさせたものがポップコーンなのです。はじけると、なんと 30 倍もの大きさに膨れるのです。

　では、ポップコーン用は普通のトウモロコシと、どこが違うのでしょう。実はこの違いがポップコーンの秘密なのです。スーパーマーケットなどでポップコーン用のトウモロコシを買って、じっくりと観察してみましょう。ポップコーン用のトウモロコシの方が、丸くてとても堅いことに気がつくと思います。

　このポップコーン用のトウモロコシは、乾燥していますが、中にごくわずか水分が残っています。このわずかな水分は熱せられると水蒸気になります。水は水蒸気になると体積が増えるため、トウモロコシの中で水蒸気が出口をもとめて激しく動き回ります。その結果、爆発的に一気に膨らんでフワフワのポップコーンができるのです。普通のトウモロコシがポップコーンに不向きなのは皮がやわらかいためで、水蒸気が逃てしまい、はじけてくれないのです。

　では、このことを利用して、おいしいキャラメル味のポップコーンを作ってみましょう。

ふつうの
トウモロコシ

ポップコーン用の
トウモロコシ

かたい

やわらかい

シロップ

サラダ油

トウモロコシを
底一列に

紙コップ

紙でふたをし
テープでとめる

あっつ
あっ♡

電子レンジ
700Wで
1分10秒チン

　まず、紙コップを用意し、底一列にトウモロコシを入れ、浸るくらいのサラダ油とキャラメルシロップを入れます。次にコップに適当な紙をセロハンテープで４カ所留めて、飛び出ないようにコップにふたをします。

　このコップを電子レンジに入れ、700Wで１分10秒温めます。40秒ぐらいで、ポンポンとはじける音がしてきます。でも、よくばって温めすぎると焦げて苦くなるから注意しましょう。

　シロップの種類をいろいろ変えるとさらにバラエティーに富んだ味が楽しめます。簡単にできますので、ぜひおうちの人と一緒に挑戦してみましょうね。（横山昌弘）

25 青色になったザリガニ

　以前、小学生の子が近所の用水で小さなザリガニを捕まえ、育てることにしました。餌は何がいいのか分からなかったのですが、魚を捕まえて食べると聞いていたので、家にあった「ちりめんじゃこ」を与えながら世話をしました。

　脱皮を何度か重ねながら３カ月ほどたつと、赤い体が青色になっていました。見たこともない青いザリガニに驚きましたが、宝物として飼い続けました。

　さて、この話の中で赤いはずのザリガニが青くなってしまったのはなぜでしょうか。

　それにはカロチノイドとよ呼ばれる赤色の色素が関係しています。ザリガニはカロチノイドを食べ物と一緒に体に取り入れることで赤くなるそうです。カロチノイドは植物性の物に多く含まれ、ニンジンやカボチャに含まれていることで有名な色素です。そこから考えると、先ほどのザリガニは餌にカロチノイドが含まれていなかったことが原因で赤色ではなくなったと考えられます。青色になった原因までは分かりませんが、赤色も青色も殻に沈着し、脱皮を繰り返すごとに青みを増したようです。

　ちなみに、雑食であるザリガニにちりめんじゃこだけを与えると栄養が偏ってしまうのかもしれません。最近は栄養バランスを考えた上で青色や黄色になる餌を売っているようです。

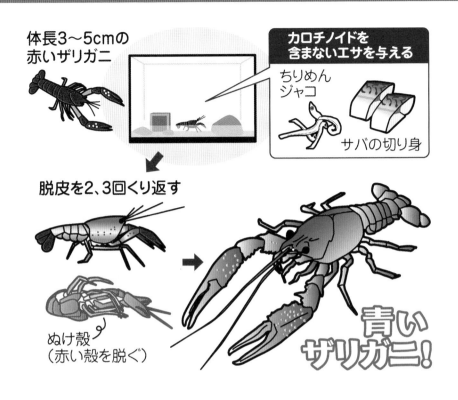

体長3〜5cmの
赤いザリガニ

カロチノイドを
含まないエサを与える

ちりめん
ジャコ

サバの切り身

脱皮を2、3回くり返す

ぬけ殻
（赤い殻を脱ぐ）

青い
ザリガニ！

　このように食べ物によって色が変わる原理は、意外なところで使われています。私たちが普段食べているニワトリの卵です。卵の殻は真っ白ですが、中の黄身はどんな色をしているか知っていますか。当然、黄身は黄色ですが、どんな黄色でしょう。

　もともと、ニワトリの卵の黄身は白みを帯びた黄色をしています。しかし、料理として使うとき、私たち消費者には少し色が薄いように感じられるそうです。そこで、餌にトマトやエビの殻、パプリカなど赤い物を与えます。すると黄身が赤みを帯びるようになり、一段とおいしそうに見えるそうです。科学の原理をうまく使っていますね。（伊藤裕之）

26 回るのを嫌がるこま

　みなさんは円板の中央にまっすぐ軸を刺すとこまとして回ることを知っていますね。軸がずれていると軸がガタガタと円を描くようにぶれますが、そういう意味ではありません。飛び跳ねて回るのを嫌がるこまです。

　牛乳パックの平らな部分から切り出して試してみます。

　イラストのように縦3cm、横6cmの板を切り取り、中央にまっすぐようじを刺してこまを作ってみてください。軸は下側に1cmほど出るように刺します。普通のこまのように見えますが、勢いよく回そうとすると飛び跳ねてしまうはずです。実はこの長方形のこまは安定して回らない作りなのです。

　ようじの頭の部分を1cmほど折って軸を短くしてみてください。今度は普通に回せるはずです。なぜこんなことが起こるのでしょうか。

　どのような形の物体にも回転させたとき軸がぶれない特別な軸が三つ存在します。物体の重心を通る互いに垂直な3本の軸で、板の中央にまっすぐ刺したようじがその一つです。物体を回すときの回しにくさ、あるいは回転の重さのことを専門用語で「慣性モーメント」といいますが、こまとして安定して回せるのはその軸回りに回す際の「慣性モーメント」が最大と最小の軸に限られます。中間の値を持った軸回りには回るのを嫌がる性質があります。

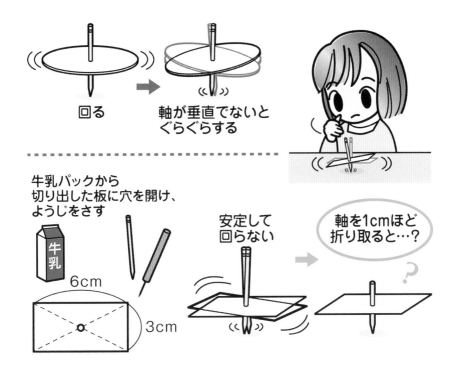

回る

軸が垂直でないと
ぐらぐらする

牛乳パックから
切り出した板に穴を開け、
ようじをさす

牛乳

6cm

3cm

安定して
回らない

軸を1cmほど
折り取ると…?

　長方形のこまが飛び跳ねたのは中間の軸を使って回していたからです。ようじを折ると軸回りの慣性モーメントが三つのうちの最大になり普通に回ります。

　逆に竹串のように長い軸に取り換えても普通に回ります。軸回りの慣性モーメントが最小になるからです。

　うまく回るこまは普通ですが、回るのを嫌がるこまはとても興味深い現象で、人工衛星の姿勢制御にも応用されています。円板や正方形のこまの場合でも軸の長さを慎重に調整していくと、あるポイントで回るのを嫌がるこまにすることができます。ぜひ挑戦してみてください。（佐藤　誠）

27 透明なトマトジュースを作ろう

　みなさんの中には家庭菜園でトマトを育てている人もいるかもしれませんね。熱い夏に赤い実を付けるトマト。とってもおいしい野菜ですが、味だけではなく真っ赤な色も食欲をそそりますね。

　そんな真っ赤なトマトから無色透明なトマトジュースを作ることができる、というと驚きますか？　トマトから赤い色のもと（色素といいます）を取りのぞくことができれば、無色透明なトマトジュースを作り出すことができるんです。

　まず、トマト１、２個をジューサーにかけてトマトジュースを作ります。それを図のような装置を使って「ろ過」します。「ろ過」には時間がかかるので、一晩冷蔵庫でそのままにしておきます。すると、翌日には薄い黄色の透明な液体がたまっています。ためしにその液体をなめてみてください。元のトマトジュースとはまったく違う色ですが、きちんとトマトの味と風味がすると思います。

　なぜ、赤くない液体なのにトマトの味がするのでしょう？

　それには「ろ過」という作業に秘密があります。「ろ過」とは「ろ紙」という特別な紙を使って、液体と固体を分ける作業です。「ろ紙」には目に見えない小さな穴がたくさん開いています。トマトの味や風味のもとは、その穴よりも小さいので水と一緒に「ろ紙」を通り抜けますが、赤い色の色素は穴よりも大きいので「ろ紙」を通り抜けられず、「ろ紙」の上にたまります。

トマト1、2個をジューサーにかけジュースを作る

トマトジュース

ろ紙を2回折る

ペットボトルを切る

装置を組み立てる

テープでとめる

冷蔵庫で1晩かけろ過する

透明！

　こうして赤くないのにトマトの味がする液体が得られるのです。「ろ過」してできた透明なトマトジュースと、市販のゼリーのもとを使うと透明なトマトゼリーができますよ。

　時間があれば、トマト以外の野菜や果物でも挑戦してみて、結果を比べてみるのもいいでしょう。

　【必要なもの】トマト1、2個（市販の100％トマトジュースでも代用できるものがあります）、「ろ紙」（コーヒーフィルターでも代用できます）、ペットボトル、セロハンテープ、カッターナイフ。

　この実験では、食べ物を扱います。「ろ過」中は容器を冷蔵庫に入れ、食中毒などに気をつけましょうね。（槇野邦彦）

28 沈まない1円玉

　細い管を水面に立てた時、液の種類によって管内の水面が外部の水面より上がったり下がったりすることを「毛細管現象」と言います。1490年に発見したのは、イタリア・ルネサンスを代表する画家であり科学者のレオナルド・ダ・ヴィンチだったそうです。

　みなさんの中にも、水を入れたバケツに雑巾を掛けておくと水が外にこぼれてしまったり、植物の茎が水を吸い上げたりする現象を見たことがある人もいるでしょう。これも毛細管現象です。

　なぜこんなことが起こるのか。さっそく実験してみましょう。

　まず、1円玉を数個用意します。ガラスのコップに水を八分目ほど入れ、水面の様子を横から見ると、水がガラスと接する所で少し盛り上がっているのが分かりますか。

　次に1円玉を静かに水面に置きます。沈むこともありますが、上手に置くと水面に浮かび、コップの真ん中で静止します。

　なぜ沈まないのでしょう

　その様子を横から見てスケッチしてみます。

　イラストを見てください。水面は1円玉と接する所でへこんでいます。1円玉は水とは仲良しではないですね。

　実は1円玉は重力と水圧による上向きの浮力と斜め上方向に水面からの力（表面張力）を受け、つり合って浮かぶのです。

　今度は洗面器に水を入れ、1円玉を2枚浮かべます。少し近づけ

ると引き合ってくっつくのが分かりますか。これも表面張力が原因です。

　さらにもう1枚置くと徐々にくっついて三角格子ができます。どんどん置いてみましょう。

　表面張力は身の回りでもたくさん確認できます。

　ハスなどの葉は水をはじくためぬれないので、葉の上の水滴は丸くなります。アメンボを観察すると、足が水面に浮かんですべるようにすいすいと動き回ります。地球の周りを回る宇宙船の中（無重力状態）の水滴は完全な球形です。これらはすべて表面張力によって起きる現象です。（田淵博道）

29 広い範囲に子孫残す
フタバガキの工夫

　秋は植物たちがたくさんの実をつける季節です。

　草むらを歩くと、ズボンや靴下に「ひっつきむし」が付いたことがあるでしょう。これはオナモミの仲間です。植物は動くことができないので、動物に付くことで移動し、育った場所から遠く離れた場所にも子孫を残そうとしているのです。

　熱帯には、高さが50mにも成長するフタバガキという木があります。種は真下に落ちたら親の木の陰になり、大きく成長することができません。少しでも親の木から遠く離れるために、種は空を飛ぶことを考えました。

　種には二つの羽根が付いていて、落ちる時にプロペラのように回転します。ゆっくり落ちることで、風によって遠くに運んでもらおうとします。種が落ちる時、羽根に下から風が当たることで回転するのです。

　種の模型を作り、回転させる実験に挑戦してみましょう。用意するのは紙とはさみです。

　①紙を10㎝×2㎝の長方形に切ります。

　図のように、縦に5㎝程度切り込みを入れます。次に横の真ん中あたりに5㎜程度の切り込みを両方から入れ、互い違いに折ります。

　③切り込みを入れてできた羽根を指で互い違いに反らせます。

　さあ、立って落としてみましょう。

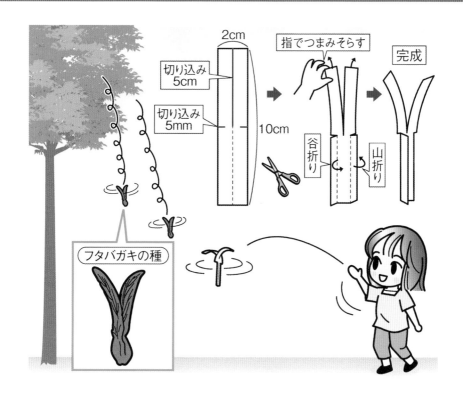

フタバガキの種

2cm
切り込み 5cm
切り込み 5mm
10cm
指でつまみそらす
完成
谷折り
山折り

　うまくいった人は、紙の種類や大きさ、羽根の反らし方などを変えながら、よく回る種の模型作りに挑戦してみましょう。

　回転する向きを変えるためにはどうしたらいいか、うちわやドライヤーで横、下から風を当ててみるとどうなるかも調べてみてください。

　他の植物も子孫を広い範囲に残すためにさまざまな工夫をしています。インドネシアの熱帯雨林地帯に分布するアルソミトラ・マクロカルパは、グライダーのように滑空しながら、遠くへ種を運びます。いろいろな植物がどのように種を運んでいるのか、調べてみるのもおもしろいですね。（河原大輔）

30 容器の中で浮き沈みする おもちゃ

　容器を押したり離したりすると、中にある浮きが浮いたり沈んだりするおもちゃ（浮沈子）を作ってみましょう。材料は、空きペットボトル（炭酸用）、魚の形をしたしょうゆさし（以下「魚」）、ナット、水です。

　まず「魚」のキャップを外してナットを一つ口に取り付けます。次にコップなどを用意し、「魚」を浮かべます。この時しっぽが水面から少し出るくらい水を吸わせ、重さを調節します。そして空きペットボトルに水をいっぱいまで入れ、ナットの付いている側を下にして「魚」を入れます。ペットボトルの中に空気が入らないようにキャップをして完成です。ペットボトルを手で握ってみましょう。「魚」が沈んだら成功です。沈まない時は「魚」が軽すぎるので調節のやり直しです。

　なぜ「魚」が浮いたり沈んだりするのでしょう。不思議ですね。

　実は水中では、物体を浮かべる浮力という力が働くからなのです。お風呂に洗面器を浮かべて上から押すと案外、力がいりますよね。これは洗面器に押しのけられたお湯が元に戻ろうとして押し返してきているのです。この押し返す力が浮力で押しのけられたお湯の量が多ければ多いほど大きくなります。この浮力が物体の重さよりも大きいと浮かびます。鉄の塊である船が浮いている理由も浮力が働くためです。鉄の船は中が空洞になっているので、押しのけている水の量よりも軽くなっています。

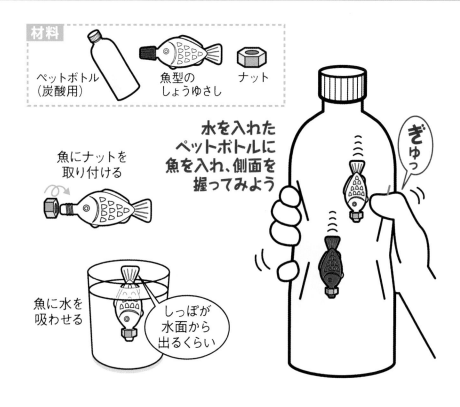

材料

ペットボトル
（炭酸用）

魚型の
しょうゆさし

ナット

魚にナットを
取り付ける

魚に水を
吸わせる

しっぽが
水面から
出るくらい

水を入れた
ペットボトルに
魚を入れ、側面を
握ってみよう

ぎゅっ

　今回の実験でも、手でにぎると「魚」の中に水が入り、空気の量が減っていませんか？　空気の量が減ると、浮力が小さくなり沈むというわけです。実際の魚も浮袋というものを持っていて、空気を出し入れすることで、浮いたり沈んだりしています。

　さあ次は「魚」やペットボトルの周りを油性ペンで色付けしてみましょう。カラフルな浮沈子の出来上がりです。

　「魚」を同時に数匹入れ、沈むタイミングの違いを観察するのも面白いですよ。仕組みを知らない人に念力をかけるふりをしながら、浮かせたり沈ませたりしてみせると、手品のようになります。ぜひ挑戦してみてください。（石井亮太）

31 素早くおいしい アイスキャンディーを作ろう

　みなさんはドライアイスでシャーベットを作ったことがあります
か？　ドライアイスを細かくくだき、ジュースの中に入れてかき混ぜ
て作る方法です。これでもできますが、ドライアイスが溶け残れば、
口の中に炎症を起こすこともあります。また、ドライアイスは二酸化
炭素が固体になったものなので、どうしても味が落ちてしまいます。
　そこで今回は、素早くおいしくシャーベットやアイスキャンディー
を作る方法を紹介します。使用する物は飽和食塩水です。飽和食
塩水とは水の中に食塩を溶けるだけ溶かしたものです。100mL の水
に溶ける食塩は約 36 g です。
　飽和食塩水の作り方は簡単です。500mL のペットボトルに9分目
ぐらい水を入れます。その中に食塩 190 g を入れて振ります。何回
か振ると食塩が溶けて飽和食塩水ができます。別のペットボトルの
容器に飽和食塩水だけを入れ、溶け残った塩は捨てます。これでで
きあがりです。
　この飽和食塩水は、不思議なことに冷凍庫で冷やしても凍りませ
ん。私がやってみた実験では、なんとマイナス 20 度になっても凍
りませんでした。この性質を利用してアイスキャンディーを作って
みましょう。
　まず、ペットボトルの飽和食塩水を 300mL のビーカー（新品）に
移します。次に試験管（新品）に果汁 50％のジュースを5 mL ほど

飽和食塩水の作り方

水を9分目まで

500mLのペットボトル

食塩190gを入れ振り混ぜる

溶け残った食塩以外を別の容器に移す

飽和食塩水

アイスキャンディーを作ろう！

わりばし

試験管（100円ショップの一輪挿しなどでも）

冷凍庫で冷やした飽和食塩水300mL

ジュース5mL

♪おいしい

入れます。そして割りばしを割り、1本入れます。その試験管をビーカーの中に入れると数分でアイスキャンディーになります。試験管からアイスキャンディーを取り出す際には、水道の流水を試験管にかければ簡単に取れます。

　家庭でこの実験をする場合は、100円ショップなどで売っている冷凍庫で保存できる容器と、一輪挿しのガラス管を買ってきてください。簡単にできますよ。

　ドライアイスは一度使うとなくなりますが、飽和食塩水は冷やせば何回でも使えてとても経済的です。ぜひ、みなさん、やってみてくださいね。（浜田　晃）

32 ミカンでメジロを呼び寄せよう

　冬になると、街中の公園や街路樹で、野山や森林に生息しているはずの野鳥を見掛けることがあります。昆虫や木の実を見なくなる冬の時期には、多くの野鳥が餌を探しに人里近くにやってくるのです。

　その中で注目したいのがメジロです。

　代表的な里山の野鳥で庭木にもよく止まっています。特にツバキやサザンカの木を植えてある場所は要注意。甘いものが大好きなメジロは、花の蜜を探しにやってきます。「チー、チー」と甘えるような声が聞こえたら近くにいる証拠。ぜひミカンを使って呼び寄せてみましょう。

　窓辺に庭木があれば、おはしくらいの太さの枝を斜めに切り、上下半分に切ったミカンを刺しておきます。適当な木がない場合は餌台を設置する方法もあります。ポイントは上空から見つけやすく、周りに鳥のふんが落ちても問題ないこと。また地面から１ｍ以上離しておくと野良猫に襲われにくくなります。

　ミカンの切り口をよく観察してみてください。乾いたら取り替えのサインです。２、３週間続けても食べた様子がなければ、餌を置く場所を変えてみてください。

　ミカンで成功したら他の果物でも試してみましょう。リンゴは食べてくれるでしょうか？また、浅い容器（植木鉢の受け皿など）にき

れいな水を1cm位の深さまで入れておくと、水を飲んだり水浴びをしたりする様子を見せてくれることもあります（野鳥は真冬でも水浴びをします）。

　昆虫や魚は一部の種類を除いて、採集して飼育したり標本を作ったりすることができます。でも野鳥の場合、捕まえたり殺したりすることは法律で禁止されています。

　学術調査などで野鳥を手に取って観察するためには特別な許可が必要なのですが、その手続きには大変手間がかかります。でもミカンを使うことで、冬の間だけメジロやヒヨドリをとても間近に観察することができるのです。（田中康敬）

33 太陽の光と色の不思議

　空はどうして青いのだろう？　夕焼けはどうして赤いの？　虹の色はどうやってできているのだろう？　そんな疑問を持ったことはありませんか？　これら空の色はすべて太陽の光からできているのです。今回は、このような光と色の不思議な実験工作を紹介します。

　太陽の光には、虹に見られるようにたくさんの色が含まれています。光は波のように伝わる性質を持っていて、この波の幅は、色によって違います。赤い色ほど幅が広く、青い色ほど短くなっています。

　太陽の光が空気中の水滴で屈折したり反射したりすると、それぞれの色がばらばらに分かれて虹をつくります。これを空き箱と不要なCDで再現してみましょう。CDにはでこぼこの小さな溝があるので、ここで光を反射させます。

　まず図1のように、箱の上面に1mmくらいの細い隙間（スリット）を、側面の下の方にのぞき穴を開けます。切ったCDを貼った厚紙を箱の底面の上に付けます。底面から45度くらいの角度がいいでしょう。CDをはさみで切るときは、ケガをしないように十分気をつけてください。

　スリットから光が入るように箱を持ち、のぞき穴に目を近づけて底面を見ると、きれいな虹が見えます。太陽の光や蛍光灯など、いろいろな光を見てみると、虹の形が少し違うので面白いですよ。ま

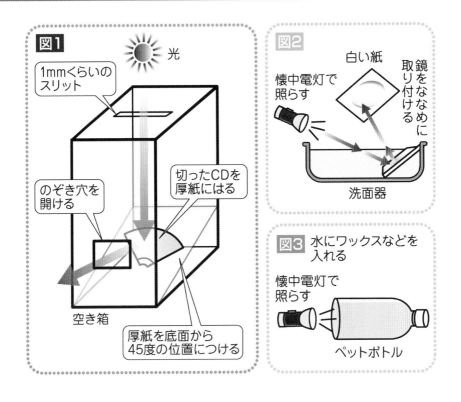

図1

光

1mmくらいの
スリット

のぞき穴を
開ける

切ったCDを
厚紙にはる

空き箱

厚紙を底面から
45度の位置につける

図2

白い紙

鏡をななめに取り付ける

懐中電灯で
照らす

洗面器

図3 水にワックスなどを
入れる

懐中電灯で
照らす

ペットボトル

た、**図2**のように、水を入れた容器に鏡を斜めに入れ、暗い部屋で光を当てると白い紙に虹を映すこともできます。

　夕焼けが赤く、昼間の空が青いのも、光の波の幅に関係しています。夕方、太陽の光が横から当たるときは、波の幅が短い青い光は空気中のチリなどにすぐに反射してしまいます。そして、私たちの目に届くころには、チリの間をぬって来た赤い光だけになっているのです。

　図3のように、水を入れたペットボトルにフローリング用のワックスなどを入れて底の方から光を当てると、光に近い方は青く、遠くなるほど赤くなっていることが分かりますよ。（能勢樹葉）

34 雲を発生させてみよう！

　外へ出て空を見上げてみてください。雲は浮かんでいますか？霧はかかっていませんか？

　今回は、簡単に雲（霧）を発生させることができる実験を紹介します。

　準備するのは、炭酸飲料が入っていたペットボトル（500ｍＬ）▽線香▽炭酸を抜けにくくするキャップ・炭酸キーパー▽ライター（マッチ）——の４点です。

　まず、ペットボトルに少量の水を入れ中をよくぬらします。

　次に線香の煙を３秒ほど入れます。そして炭酸キーパーを使ってペットボトルの中に空気を入れ、圧力を掛けていきます。

　炭酸キーパーのキャップを勢いよく外しましょう。「ポンッ」と空気の抜ける音と同時に、うっすらと雲（霧）ができたら成功です。

　水は温度によってさまざまな形に変化します。低い温度で凍らせると固体の「氷」に、逆に高い温度で熱すると気体の「水蒸気」になります。これを「水の状態変化」と言います。

　雲ができるまでには、水の状態変化が大きく関係します。海や川、地面の水が温められると水蒸気になり、空高く運ばれます。上空は気圧が低く、空気はとても冷たいので、水蒸気は水や氷の粒に変化。これがたくさん集まり、空気中のごみと一緒になってできるのが雲なのです。

少量の水を入れて中をぬらす

ペットボトル
500mL
（炭酸用）

線香の煙を中に入れる

3秒くらい

炭酸キーパーをはずすと…

雲ができた！

もくもく

押す

シュコシュコ

炭酸キーパーでペットボトルに空気を入れる

　今回の実験は、ペットボトルの中で空を再現しました。そもそも空気は圧力を上げると温度が上昇し、逆に下げると温度が下がる性質を持っています。

　最初に炭酸キーパーを使って空気に圧力を掛けていくと温度は上がり、水の粒は水蒸気になります。キャップを外すと気圧が一気に下がり、温度が低くなることで小さな水滴が発生、雲ができたというわけです。

　実験を成功させるポイントは線香の煙。煙が核（中心）となり、細かい水の粒を作りやすくしました。空気中のほこりなどと同じです。ぜひみなさんも挑戦してみてください。（山本卓也）

35 ベンハムのこま

　赤、白、黄、緑、青……。部屋の中や外の景色など、自分の周り
を見てみましょう。いろんな色があふれていますね。あなたは、何
色が好きですか？

　今日は、色の錯視（目の錯覚）を利用した不思議なこま「ベンハム
のこま」を紹介しましょう。

　これは、19世紀にイギリスのおもちゃ製造業者、チャールス・
ベンハムが製造したおもちゃで、上面は、図のように半分が黒で塗
りつぶされ、もう半分は長さの違う弧状の線が描かれているこまで
す。白と黒の2色で描かれているにもかかわらず、回すと色が見ら
れるという何とも不思議なこまなのです。

　見え方や見える色は、人によって個人差があるようですが、蛍光
灯の下で回すと赤、黄色～だいだい、緑、青～紺など、弧状の薄い
色があちこちに見えます。このベンハムのこまはとても単純な仕組
みですが、現在でもなぜこのような目の錯覚が起こるのかはまだ解
明されていません。

　では、不思議に挑戦！　作り方は簡単です。上面に図のような模
様を描いたこまを作ればいいのです。ただ、たくさんの色を見るに
は蛍光灯の下で、ややゆっくりと回さなければなりません。そこで、
ゆっくりでもきれいに回る、DVDメディアを利用したこまの作り方
を紹介します。

ベンハムのこまの図

蛍光灯

色が見える!

接着剤
瞬間接着剤
ビー玉
図を貼りつける
DVDメディア
または図を描く
フェルトペン

　まず、DVDメディア（片面が白いものがよい）、ビー玉、瞬間接着剤（しゅんかんせっちゃく）、黒のフェルトペンを用意します。次に、DVDの白い面を上にして、黒のフェルトペンで図のような絵を描きます。ただし、正確（せいかく）に作るには紙にコンパスを使って描いて、DVDに貼（は）り付けることをおすすめします。もちろん、オリジナルの模様もＯＫです！　そして、最後にDVDの中心に瞬間接着剤を少なめに垂（た）らし、ビー玉を固定し、接着剤が乾（かわ）いたらできあがり。こまに使ったDVDは、こわれることがあるので機械（きかい）で再生（さいせい）しないでくださいね。

　さあ、ゆっくりとこまを回してみましょう。どんな色が見えましたか？　（中倉智美）

79

36 カルマン渦の不思議

　桜は満開のときも美しいですが、いさぎよい散りぎわもきれいです。今回は舞い散る花びらのように、くるくる回る渦を科学してみます。

　中原中也の「春と赤ン坊」という詩に、「空で鳴るのは、あれは電線です」というのがありますが、実はこれも渦のはたらきによるものです。流れる水や空気などの中に物を置くと、流れが乱され下流側に渦ができます。条件がよいと美しい渦が、図のように交互にできることがあります。この渦を「カルマン渦」といいます。この渦で電線が振動し音が出ます。丸い形状の材料でできた手すりなども鳴ります。

　実験でカルマン渦のでき方を確かめるためには「風洞」と呼ばれる大きな装置が必要で、車や飛行機などを作るときに空気の流れや抵抗を測る際などに使われます。

　もっと簡単な方法で渦を調べてみましょう。用意する物は、バット、墨汁、スポイト、丸い棒、バットの大きさに切った書道の半紙です。

　まず①バットに数cmの深さの水を張ります②スポイトで墨汁を水面に数滴垂らします③端に丸い棒をまっすぐ立て、ゆっくり水平に動かします④半紙を、模様のできた水面に静かに落とし引き上げて完成です。

風 ➡️

↑
細い枝などの
障害物

・墨汁
・バット
・半紙
・丸い棒

墨汁

マーブリング！

動かす ➡️ 半紙を
のせる

すーっ

　きれいな渦ができましたか。マーブリング用のインクを使えばカラフルなものもできます。

　空気が、棒やくぼみなどで渦をつくるとき出す音をエオルス音といいます。ギリシア神話に登場するアイオロスという風の神様の名にちなんだものです。ヨーロッパには箱に数本の弦を張ったものを、少し開けた窓辺に置いて、吹き込むそよ風で音を奏でるエオリアンハープという楽器があります。風の神様の奏でる楽器ということです。どこかロマンチックですよね。

　簡単に作れますので春のそよ風の日に窓辺に置いておくと、部屋中に美しい音色が響きます。いかがでしょう。(中屋敷勉)

37 砂の中から砂鉄取り出そう

　砂の中から砂鉄を取り出すとしたら、みなさんはまず磁石を使うことを思い付くでしょう。では磁石がなかったらどうしますか。

　まず、使い古しの茶碗と河原や海岸、砂場で取ってきた砂を準備します。

　茶碗の半分くらいまで砂を入れ、水をいっぱい注ぎます。水が入ったまま茶碗を持ち、同じ方向にゆっくり回転させてみましょう。水はこぼれますが、気にせず回していきます。次第に砂も茶碗の外へはじき出されてしまいますね。それでも続けてください。水がなくなったら足し、同じことを繰り返します。

　するとどうでしょう。はじき出されなかった黒い砂粒が底にたまっていませんか。

　この中に砂鉄が多く含まれているのです。この方法を「碗がけ」と言います。

　原理は簡単です。比重の重い方が下に沈み、軽いと外にはじき出される仕組みです。白色の砂は黒い砂よりも軽いので外にはじき出され、比重の重い黒い砂が底に沈みます。

　鉄が含まれている砂鉄は、白い砂よりも重くなるんですね。白い砂は主に石英という鉱物で、比重は約 2.7。一方、砂鉄は 5.2 前後もあります。

　砂鉄も鉱物で、正式には磁鉄鉱といいます。砂を取ってきた場所

によっては、六角形のチタン鉄鉱や石榴石のような鉱物も観察できますよ。

　ちなみに、碗がけが有名になったのは、19世紀半ば、アメリカなどで砂金の金鉱が発見され、一獲千金を狙う人々によるゴールドラッシュの時です。碗がけで多くの砂金が取れたそうです。底にたまった砂の色はさぞきれいだったでしょうね。ちなみに金の比重は19.3もあります。

　碗がけで砂鉄集めも楽しいのですが、碗がけで磁石につかない重い鉱物を集めるのも楽しいですよ。もしかしたらあなたの周りにある砂から砂金が取れるかも？　（山下浩之）

38 貝殻から「波の音」聞こえる?

　巻き貝の殻を耳に当てると「ザー」という音が聞こえます。波の音のようだと言う人もいます。他にもこのような音があるか実験してみましょう。

　紙を筒のように丸め、穴を耳に当ててみます。「ザー」という音が聞こえましたか? 　次に筒の先を手でふさいでみてください。「ザー」という音が少し低い音に変わったでしょう。

　音は実際には空気の振動です。身の回りには聞こえないような小さな雑音が無数に存在しています。こうした雑音が筒に入ると、筒の長さにぴったり合った高さの雑音だけが「共鳴」という現象を起こし、空気の振動が大きくなって音が大きくなるのです。筒の先をふさぐと共鳴の仕方が変化するために、違う高さの雑音が大きくなるというわけです。

　このように筒の中の空気にできる共鳴を「気柱共鳴」と言います。筒の中を音が行ったり来たりすることで共鳴するのですが、リコーダーやフルートなどの管楽器は気柱共鳴によって音を出しています。

　別の実験をやってみます。空き瓶の口を耳に当ててみましょう。やはり「ザー」という音が聞こえますね。さまざまな雑音が容器の中に入ると、容器の形にぴったり合った高さの音だけが共鳴し、音が大きくなります。このように口の狭い容器の中の空気にできる共鳴を「ヘルムホルツ共鳴」と言います。音の振動で中の空気がばね

のように伸び縮みすることが原因です。容器の体積や口の部分の長さ、太さで音の高さが変わります。バイオリンなど弦楽器のボディーや口笛もヘルムホルツ共鳴を利用しています。

　では、空き瓶の口の部分に向かって息を強く吹きかけてみましょう。「ボー」と音がなりませんか？　息が瓶にぶつかってできた空気の振動のうち、瓶の大きさと形に応じた高さの音が共鳴して音が出るのです。これもヘルムホルツ共鳴なんです。コップやトイレットペーパーの芯など、大きさや形の違う容器や筒にも耳に当てて聞いてみてください。それぞれ違う高さの音が聞こえて楽しいですよ。

（坪井民夫）

39 植物の葉は小さな化学工場

　私たち人間は毎日、ご飯、肉、魚、野菜などいろんな物を食べて生活しています。クジラもネコもインコもメダカもアリも……、みんな同じです。動物は他の動物や植物を食べ、自分の体に栄養を取り入れて成長し、生き続けています。では、植物はどのようにして栄養を取り入れているのかな？

　この謎の解明に大きく貢献したのが、ドイツの植物学者ザックスです。彼は今から約150年前、ヨウ素液という試薬を使い、葉に日光を当てたときに、葉の中にデンプンという栄養ができることを発見しました。植物は太陽光の力で、自分で栄養を作り出しているというのです。植物の葉はソーラーパワーで栄養を作り出す、まるで“小さな化学工場”だと言うことができそうですね。

　ザックスのこの実験は、今でも小学6年の理科で行っているので、どんな実験か思い浮かぶ人もいるでしょう。この方法は、葉の形をこわさずに調べられるという長所がありますが、硬い葉は調べられないことや、燃えやすいアルコールを加熱して使用するなど、短所もあります。そこで、みなさんには、安全で簡単に葉の中のデンプンの有無を調べられる「青汁加熱法」という実験方法を紹介しましょう。

　①調べたい葉と少量の水をミキサーでかき混ぜる。

　②できた青汁を金属製のおたまに移し、熱する。

　③②の汁の中から、キッチンペーパーで固まりをこし取る。

④汁にヨウ素液（イソジンなどのうがい薬で代用できる）を入れ、色の変化を確かめる。青紫色に変わればデンプンができていることが分かる。

硬い松の葉、赤紫色のシソの葉、水草や海草、スイカの皮……。どれも日光が当たればデンプンができるのかな？　どんな色の光を当てるとたくさんデンプンができるのかな？　日光のはたらきでデンプン以外の栄養を作る植物はあるのかな？　まだまだ、謎はたくさんありそうです。

さあ、「青汁加熱法」で、植物の葉のはたらきについて、謎解きに挑戦してみましょう！　（大崎行博）

40 カメラ機能を使って観察してみよう

　みなさんは学校でタブレット端末を使ったことはありますか。タブレット端末を使った学習では、計算を解いたり、漢字を学んだりすることが多いと思いますが、今回はカメラ機能を使って理科の観察や実験に取り組んでみましょう。

　まずはカメラを虫眼鏡として使います。起動し、２本の指で間隔を広げるように画面を触ります。画像は大きくなりましたか？　この操作をピンチアウトと呼びます。たったこれだけでタブレットが虫眼鏡に変身です。画像を撮影し写真で残すこともできます。

　最初に食塩を観察してみます。食卓塩の結晶は、さいころのような立方体をしていることが分かると思います。

　ブロッコリーの食用部はどうでしょう。アブラナ科で花びらは４枚。それぞれが折り込まれ、盛り上がるように納まっている状態が観察できます。

　紙幣を拡大して見るのもお勧めです。千円札の野口英世が描かれている面を表にしてください。虫眼鏡で見るのは、中央のすかし部分です。カタカナで「ニ」「ホ」「ン」の３文字が隠れています。文字の大きさはたった 0.5㎜。こんな精密な印刷ができるとは驚きですね。

　アリのようにとても小さく、頻繁に動く場合はどうしましょう。そんなときは、カメラ機能のモードの一つである「スローモーション」

を活用します。

　虫眼鏡と組み合わせ、動画で撮影し、後で再生しながらじっくり
観察するというわけです。アリの体は頭・胸・腹の三つにくびれて
います。足は６本、頭には２本の触角が確認できましたか。

　他にも物が落ちる様子や水風船が割れる様子などスローで撮影し
て、再生してみましょう。不思議な動き方をしていますね。

　いかがでしたか？　肉眼では分からなかった現象が、カメラ機能
を使うとよく見えたでしょう。

　タブレットにはまだまだおもしろい機能があります。ぜひしっか
り使って勉強に役立ててください。（晴田和夫）

タンポポ綿毛のドライフラワーを作ろう

　タンポポには、昔から日本に咲いていた種類（カンサイタンポポなど約20種類）と、明治以後、ヨーロッパなどから入ってきたセイヨウタンポポの両方があります。

　その違いは、花の下の、総苞と呼ばれる部分が垂れ下がっているかどうかで見分けます（セイヨウタンポポは垂れ下がっています）。また花の咲く季節もズレているのですが（ニホンタンポポは3〜5月、セイヨウタンポポは3〜10月）、花はどちらもよく似ているので、春から冬までタンポポは一年中咲いているように思えますね。

　ところで、「タンポポの花」というと、黄色い花びらがたくさんついた姿を思い出しますね。では「タンポポの実」は何だか分かるでしょうか。実は、まあるく開いた綿毛全体が実なのです。あの一つひとつの綿毛にはタネが付いています。丸い実を吹いて、パアーッと綿毛を飛ばして遊んだ経験は誰にでもあるのではないでしょうか。

　では、ここで一つ問題です。タンポポの花も実もまっすぐな茎の上にありますが、花の咲いている茎と、実の付いている茎は同じものでしょうか。それとも違うものでしょうか。

　タンポポはまずつぼみができ、それから花が咲き、やがて花がしぼむと茎もしおれたようになります。ところが、しばらくするとしぼんだ花の下に、先端に白い毛がのぞいた「つぼみ」のようなものができます。それが開いてタンポポの実ができるのです。この時にはしおれ

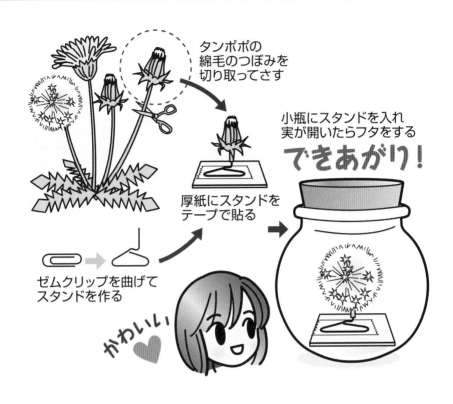

タンポポの
綿毛のつぼみを
切り取ってさす

小瓶にスタンドを入れ
実が開いたらフタをする

できあがり！

厚紙にスタンドを
テープで貼る

ゼムクリップを曲げて
スタンドを作る

かわいい♥

たようになっていた茎も再びピンと伸びています。つまり正解は同じ茎ということになります。

　タンポポ綿毛のドライフラワーは、今にも綿毛の飛び散りそうな実をそのまま残しておこうというわけです（作り方は図を参照）。朝採ってきた「（白い毛がのぞいた）つぼみ」を使って夕方までに作っておけば、翌朝には実がキレイに開きます。かわいいタンポポの綿毛のドライフラワーのできあがりです。

　なお、瓶のフタは実が開いてからします。その実は瓶の中でそのままずっと開いてくれているので、机の上などに飾っておくとよいでしょう。（武田芳紀）

ノーベル賞にも関わる「うなり」

　今回は「うなり」についてお話しします。

　うなりというのは、近い高さの音を同時に鳴らすと、音の強弱が周期的に変わることです。

　まず、輪ゴムを切って両端を手で持って伸ばします。ゴムを指で弾くと音が出ますね。次に、端ではないところを持って伸ばします。手と手を近付け輪ゴムを短く持つと高い音、長くすると低い音になります。音の高さは、ゴムのどこを持つかで変わります。音の高さは振動数で決まっていて、長いほど振動数が低くなるからです。ギターなどの楽器は、こうやっていろんな高さの音を出します。

　今度は、菓子箱など適当な大きさの箱にゴムの両端を固定しましょう。ゴムを弾くと、いつも同じ高さの音が出ます。手で持った時より良い音が出ると思います。大きな箱に固定したほうが、ゴムが長くなるので音が低くなりますね。

　ここまできたら、うなりまでもう一歩です。

　ゴムを固定した箱を二つ用意します。音の高さがなるべく近くなるようにしてください。そろったら同時に鳴らしてみましょう。音が強くなったり弱くなったりするのが聞こえますか。

　これが「うなり」です。振動数の差が音の強弱の周期になるので、なるべく近い音、そして低い音で試したほうが聞こえやすいです。

　実は、うなりはノーベル賞と関わりがあります。2015年にノー

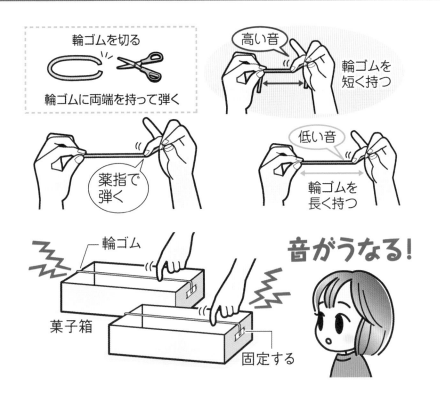

ベル物理学賞を受賞した東京大宇宙線研究所の梶田隆章所長は、とても小さな粒子（素粒子）のニュートリノがうなりによって姿を変える「ニュートリノ振動」を発見することで、それまで質量（重さ）がないとされていたニュートリノに重さがあることを世界で初めて示しました。

　ニュートリノは粒子なのに、なぜ波（うなり）の話になるのでしょうか？　これは、里庄町出身で「日本の原子物理学の父」として知られる仁科芳雄博士が研究した「量子力学」という学問で説明できます。詳しくは同町にある仁科会館で私を見つけて聞いてくださいね。（田主裕一朗）

43 コピー紙とうがい薬で環境調査

　コピー紙などの白い紙、よく水で洗った筆、コップいっぱいの水にうがい薬（イソジンなどのヨウ素系のもの）を10滴ほど入れたものを用意しましょう。

　コピー紙など文字を印刷してある紙には、にじみ止めのために表面にデンプンが含まれています。薄めたうがい薬を筆に付けて字や絵を描くと、鮮やかな紫色になります。トイレットペーパーや和紙、実験に使うろ紙など、デンプンを含まない紙ではできません。

　次にこの紫色の字や絵にビタミンCを含んだ飲料水を霧吹きなどで吹きかけてみましょう。すると、あら不思議。紫色は消えてしまいました。どうです、科学手品に使えるでしょう!?

　種明かしをすると、デンプンはくるくる巻いた構造をしていますが、その中にヨウ素が入ると紫色になります。これをヨウ素デンプン反応といいます。一方ビタミンCはデンプンの中のヨウ素をこわしてしまうので、無色になるのです。

　コピー紙を使ったヨウ素デンプン反応は、環境調査にも使えます。コピー紙中のデンプンを微生物が食べてヨウ素デンプン反応をしなくなることを利用し、水中の微生物量を判定します。

　方法は、畑や山の土など10gをとり、これに水20ccを加えてかき混ぜ、その上澄みを分け、2cm×2cmに切ったコピー紙を2時間浸けます。その後、うがい薬を薄めたヨウ素液に10秒浸けま

きれいな紫色！

科学手品

うがい薬入りの水

コピー紙

ビタミンC入り飲料水を霧吹きでふきかける

ビタミンCドリンク

消えちゃった！

　す。取り出してその紫色の濃さを比べます。畑や花壇の土には微生物が多いので、コピー紙のデンプンが食べられてしまい紫色をほとんど示しません。反対に砂場の砂や、山の草木が生えていない土では、デンプンが残っているため紫色になります。元気のいい土の中には微生物が多いことが分かります。

　また、この方法できれいな川とにごった池の水を調べても、微生物量を知ることができます。汚れている水ほど紫色にならず、微生物がたんさんいることが分ります。いろんな場所の微生物量をこの方法で調べて比較し、写真を撮って紫色を比べると、夏休みの自由研究になるかもしれませんね。（喜多雅一）

44 重い空気に耐えきれず つぶれる缶

　あなたは空気を「重い」と感じたことがありますか？　ありませんね。でも空気は地表から高さ15kmくらいまであります。だから実はとても重いのです。手の親指の爪くらいの面積に約1kgの空気の重さがかかります。その空気の重さで空き缶をつぶす実験を今回は紹介しましょう。

　用意するものは、①アルミの空き缶②火ばさみ③カセットこんろ④水をいっぱい入れた洗面器──です。

　やり方は次の通りです。

　①空き缶に水を10ccくらい入れます。

　②缶の真ん中を火ばさみで持ち、カセットこんろの中火で40秒ほど加熱して湯気が缶の口から出るようにします。

　③火を止め、空き缶の上下をひっくり返しながらすばやく洗面器の水に空き缶の口をつけてふさぎます。

　④空き缶は大きな音を立ててつぶれます。

　この実験をうまく行うコツがあります。それは、最初に空き缶を火ばさみで持つときに手のひらが上向きになるように持つことです。そうすれば、空き缶を水につけるときにひっくり返しやすいのです。

　空き缶がつぶれる理由を説明しましょう。

　加熱すると缶は水蒸気でいっぱいになります。それを水で冷やすと水蒸気は水になります。そのとき、体積が千分の1になります。

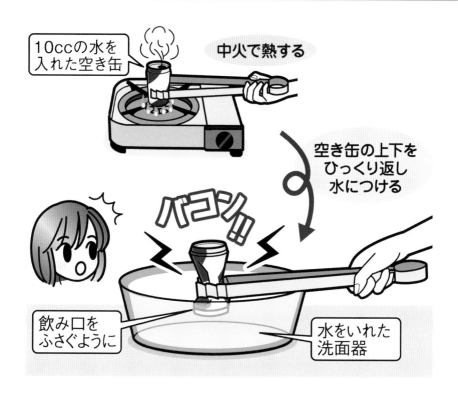

缶の中はほぼ真空です。しかし、缶の表面1㎠に空気の重さ1kgがかかります。缶の表面積は200㎠以上あり、缶全体では200kg以上の空気の重さがかかることになって、耐えきれずにつぶれるのです。

「缶の口を水でふさぐ」という方法は、おなじみの岡山理科大科学ボランティアセンター・コーディネーターの高見寿さんが開発しました。私はこのアイデアに敬意を表し、「タカミ式空き缶つぶし」と命名しました。

また、この実験は火を使うので必ず大人といっしょに行ってくださいね。(三木淳男)

45 葉脈でしおりを作ろう！

　葉っぱのすじのことを葉脈といいます。よく見ると、葉脈にもいろいろな種類がありますね。葉脈は、私たちにとっては血管のようなものです。根から水分を運ぶ道管、葉でできた栄養分を運ぶ師管からできています。道管と師管は、合わせて維管束と呼ばれています。ちなみに、みかんについている白いすじも維管束です。

　今日は、葉の葉脈だけを残してしおりを作ることにチャレンジしてみましょう。アルカリ性の水溶液や火を使うので、大人の人と一緒に安全に行ってくださいね。

　では、少し硬めの葉を探してきてください。アルカリ電解水という水だけで作られている洗浄液（ホームセンターなどで購入できます）を買ってきてもらい、沸騰させずに30分〜1時間、葉が常に浸っているように注意しながら煮て、自然に冷まします。洗浄液はアルカリ性なので、鍋は鉄やアルミ製でないものを使用します。

　冷めたら厚紙やガラス板の上に葉を乗せて、古い歯ブラシで上から叩くようにして、葉肉を落としていきます。時々水をかけてみると落ち具合がよく分かります。上手に葉肉を落とすと、レースのように葉脈が残ります。葉脈の部分は、アルカリに溶けにくいセルロースでできているので、アルカリ性の水溶液で煮ても溶けずに残るのです。葉の種類によっては、きれいにすじが残らなかったり、葉肉が落ちにくかったりするものがありますが、いろいろと試してみ

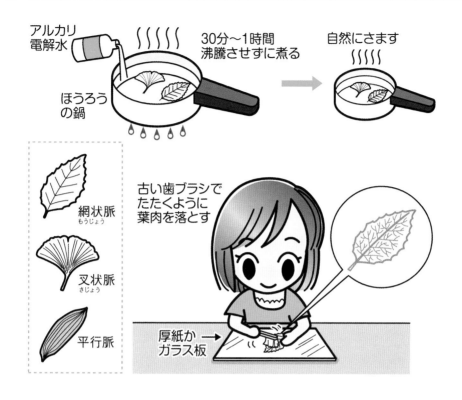

アルカリ電解水

ほうろうの鍋

30分〜1時間
沸騰させずに煮る

自然にさます

網状脈
もうじょう

叉状脈
さじょう

平行脈

古い歯ブラシで
たたくように
葉肉を落とす

厚紙か →
ガラス板

てください。

　新聞紙などに挟んで水分を取った後、ラミネートするときれいなしおりのできあがりです。台所用の漂白剤で漂白し、その後、染料などで染色すると色付きのしおりにすることができます。光に透かして見ると、葉脈が葉の全体に細かく張り巡らされている様子がよく分かります。

　世界に一つだけの自分だけのしおりを作ってみませんか。ただ洗浄液は二度拭きがいらないといわれており安全だそうですが、肌の弱い人は手袋をするなどして、注意して扱ってください。また、目に入らないようにね。（横田綾子）

46 えっ！ 鉄って燃えるの？ 火起こし実験に挑戦

　今回は、覚えておくと災害時などに役立つ「火起こし」の実験をします。少し危険をともないますので、必ず大人と一緒に行ってください。使うものは、キッチンで活躍しているスチールウールたわしと、乾電池です。

【準備】①スチールウールたわしをほぐすように広げながら、ゆっくり引っ張って、25㎝くらいまでの伸ばしておきます。

　　　　②段ボールを幅3㎝、長さ40㎝に切ります。このとき、長い方が段ボールの波に直角になるように切ってください（波にそって切ると火が上ってくる）。それを半分に折りたたんで、ティッシュペーパーをふんわりと丸めてはさみます。

　　　　③乾電池を2本（単1、単2、単3どれでもよい）用意します。

　　　　④バケツに消火用の水をくんでおきます。

【実験開始】実験は屋外で、まわりに引火しやすいものがないことを確認してください。

[1] お菓子の缶のふたの上に、①を置きます。乾電池を2本積み重ね（直列で3ボルトになる）、マイナス側（平らな方）をスチールウールの片はしを踏むようにのせます。

[2] スチールウールのもう一方のはしを、プラス側（出っ張りがある方）にゆっくりこするようにタッチさせると、オレンジ色の火がちらちらと走るように広がっていきます。この時、電気が指にビリッ

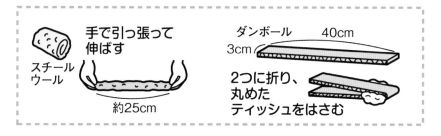

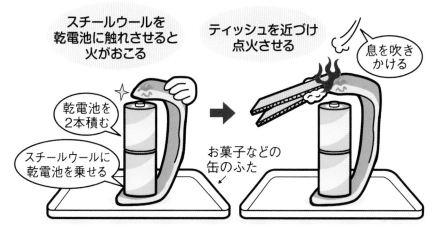

とくることはありませんが、広がった火でやけどしないように気をつけてください。

[3] さて、このままでは炎(ほのお)になりません。②を、スチールウールに広がった火にそえて、一気に息を吹きかけます。ティッシュペーパーに点火して、それが段ボールに燃(も)え移(うつ)れば、しばらく炎を保(たも)つことができます。

　スチールウールの燃えかすを観察してみましょう。電気を通す？ 元のスチールウールとどっちが重い？　電気は通さず、燃えかすの方が重くなります。鉄(てつ)と酸素(さんそ)が結(むす)びついて、酸化鉄(さんかてつ)に変化(へんか)しているのです。（秦　宏典）

47 影の不思議

　昼はチビちゃん、夕方はノッポくん、なあに？

　そうです。影です。影は人が走れば一緒に走り、人が座れば一緒に座ります。そして、短くも長くもなる忍者のような存在です。なんだか「ピーターパン」の話を思い出しますね。

　では、いきなり質問です。影の色は何色でしょう？　そんなの簡単だよ。黒に決まっているさ……。本当にそうなのでしょうか？もう一度よく観察してみてください。

　たしかに影の部分は色がはっきりとは分からないけれども黒色ではありません。光の当たっている所ほどではありませんが、色が見られるはずです。これは、光が光源（この場合は太陽）から入ってくるだけではなく、雲や木、建物などで乱反射していろいろな方向から入ってくるからです。

　暗い部屋で電灯を一つだけつけてみましょう。影はどこにできるでしょうか？　答えは、影は電灯の反対側にできます。物が光をさえぎることで影はできるのです。もし部屋の壁が光を反射しない黒であったなら、この時の影は昼間の外で見たものとは違い、本当に黒色です。

　では今度は電灯を赤色に変えてみましょう。影の色はどうなるでしょうか。赤い影が見えるのでしょうか？　いえいえ、やっぱり影は黒色です。

　同じように電灯の色を青や黄色に変えても影の色は黒色なのです。
影は光が当たっていない所であり、その方向から人間の目に向かって
光は入ってきません。人間の目には光を感じる部分があり、そこに光
が入ってこない方向は黒色だと認識するようになっているのです。

　さて、今度は立っている人から見て左後ろに青の電灯、右後ろに
赤の電灯をつけてみましょう。影の色はどうなるでしょう。なんと
今度は右前に赤影が、左前に青影が登場しました。一つの電灯がつ
くる影の部分をもう一つの電灯の光が照らしたのです。病院の手術
室では手元に影ができないように、いくつかの電灯をあわせた「無
影灯」という照明が使われています。（福井広和）

103

48 電気を使わない噴水

　公園で「噴水」を見たことがありますか。最近ではライトアップされたもの、音楽に合わせて噴き上がる水の形が変わるものなど多種多様になっています。公園の噴水は電気でモーターを動かしていますが、今回は電気を使わない噴水を作ってみましょう。

【用意するもの】 ペットボトル1.5L丸型3本、ペットボトルのキャップ3個、透明なビニール管（外径5～6mm）、じゃばら付きストロー（内径5～6mm）1本

【作り方】

[1] 1本のペットボトルを口側から10cmのところで切り、受け皿を作ります。カッターナイフで切った場合はテープを巻くなどしてけがに注意しましょう。

[2] キャップ3個にそれぞれキリで2カ所ずつ穴をあけて、ドライバーなどで穴を広げてビニール管を通し、イラストのようにつなげます。

[3] 受け皿と残る2本のペットボトル（A、B）をキャップに取り付けます。ペットボトルは段差を付け、Aには水を入れて、Bは空にします。

[4] ストローの先に切れ目を入れて先が細くなるように丸めてテープでとめ、ストローをビニール管に差し込み噴水口にします。じゃばらを使って角度を変え、水がまっすぐ噴き出るようにします。

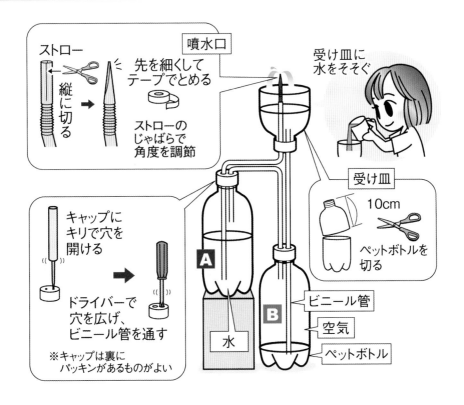

これで完成です。

　仕組みを見てみましょう。受け皿に水を入れると下のペットボトルBに流れ落ちます。ペットボトルBに水がたまると中の空気が押し出され、上のペットボトルAに入っていきます。空気によってペットボトルAの水は押し出され噴水口から飛び出ます。飛び出た水は受け皿に入り、また下のペットボトルBに流れ落ちます。

　この噴水は「ヘロンの噴水」といい、紀元前1世紀ごろエジプトのアレキサンドリアで活躍したギリシャ人科学者ヘロンさんが発明しました。ヘロンさんが活躍した時代は諸説ありますが、2000年以上も前にこんな発明をしていたとは驚きですね。（糸山嘉彦）

49 植物の成長のじゃまをする アレロパシー作用

　庭や校庭のサクラの木の下には、あまり雑草が生えていません。なぜでしょう？

　実はサクラの落ち葉には、クマリンという物質が含まれています。このクマリンは、植物が他の植物に対して成長のじゃまをする「アレロパシー」という作用をしています。青々としたサクラの葉よりも、枯れて落ちた葉に、クマリンは多く含まれます。

　これが、土とまざりあうため、サクラの木の下には、あまり他の植物（雑草）が生えないんだそうです。本当に成長のじゃまをするのか、実験してみましょう。

【用意するもの】

　①サクラの落ち葉を細かくしたもの（秋でなくてもサクラの木の下に枯れた葉が落ちています）

　②寒天（お菓子作りにつかう材料）

　③ 10cm四方くらいの深めの容器二つ

　④レタスの種子 20 粒

　まず、寒天をお湯に溶かして二つの容器に注ぎ、固めます。寒天ゼリーができたら、それぞれ半分に切り、一方は中央にサクラの落ち葉をはさみ、他方は何もはさまないで、容器に戻します。

　それぞれのゼリーの表面に、レタスの種子を 10 粒ずつ、等間隔になるように刺します。とがった方を上にして、種子の半分くらい

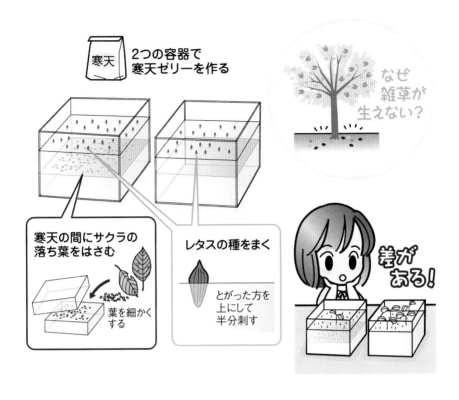

2つの容器で
寒天ゼリーを作る

なぜ
雑草が
生えない？

寒天の間にサクラの
落ち葉をはさむ

葉を細かく
する

レタスの種をまく

とがった方を
上にして
半分刺す

差が
ある！

刺すのがこつです。

　二つの容器は「サクラの落ち葉」だけが異なる条件になっています。このような実験を対照実験といいます。

　2〜3日待てばレタスが発芽、発根します。二つの容器の発芽、発根した数を比べてみてください。サクラの落ち葉をはさんだ方が、数が少なくなっているはずです。これがクマリンのアレロパシー作用です。

　発芽、発根は気温や光などにも影響されるため、何度かやってみてください。他の植物の種子などで試してみるのもいいと思います。

　実験・観察をしたあなたは、もう"科学者"です。(橋田千寿)

50 紫キャベツの色素パワー

　みなさんは、身の回りにある食品や製品の水溶液は、その性質から酸性、中性、アルカリ性の三つに分けられることを知っているでしょうか。今回は、その性質を簡単に調べる方法を紹介しましょう。

　まず、紫キャベツ（レッドキャベツ）を用意します。次に陶器など耐熱性のコップに熱湯を大さじ２杯（30mL）ほど入れ、その中に小さくちぎった紫キャベツの葉を入れます。このとき、なるべく外側の色の濃い葉を使うとよいでしょう。続いて、割りばしなどで、葉を押しつぶしながらかき混ぜ、紫色の色素を水に溶け出させます。お湯の色が紫色になったら完成です。液体だけを取り出しましょう。

　この紫色の汁を適当な容器に小さじ半分（２mL）ほど入れ、次に自分が性質を調べたい液体を少量加えてみましょう。ソーダなどの炭酸飲料（弱酸性）ではピンク色に、トイレ用の洗剤（強い酸性）などでは赤色に変化します。また、せっけん水（弱アルカリ性）では薄い緑色に、かび取り剤（強いアルカリ性）では黄色に変化します。他にもスポーツドリンクや板こんにゃくの袋に入っている汁など、いろいろ調べてみてください。

　紫キャベツの紫色の色素（色のもと）は溶液の性質に応じて色が変化することが知られています。その色素は一般的にはアントシアニンと呼ばれ、同じ種類の色素はナスやブドウの皮など自然界の多くの植物に含まれています。

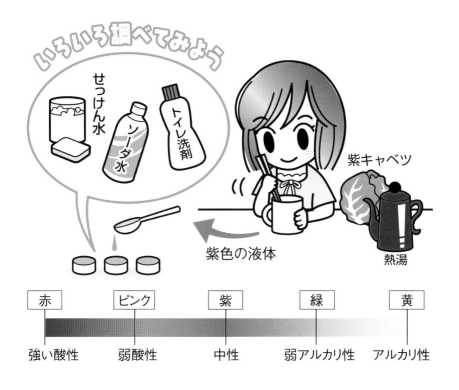

いろいろ調べてみよう

せっけん水

ソーダ水

トイレ洗剤

紫キャベツ

紫色の液体

熱湯

赤		ピンク		紫		緑		黄
強い酸性		弱酸性		中性		弱アルカリ性		アルカリ性

　最後に、紫キャベツが余（あま）ってしまったら、焼きそばを作って食べることにしましょう。野菜を切っていためた後、コップ半分くらいの水を加えて中華（ちゅうか）めんをほぐします。

　するとどうでしょう。なんと、めんが緑色になってしまいました！

　これは、中華めんに含まれる"かんすい"という物質（ぶっしつ）が紫キャベツのアントシアンと反応したためです。"かんすい"は食感（しょっかん）をよくするために用いられますが、弱アルカリ性なんですね。だからめんが緑色に変化してしまうのです。そのことを知らずに焼きそばを作ると、びっくりしてしまいますね。一度、友だちにごちそうしてみてください。うけますよ。（小池哲晴）

51 水をはじく葉の不思議

　雨の後などに、植物の葉の上にできた水滴を見たことがありますか？

　「ハス」という植物の葉の上にはきれいな水滴を見ることができます。ハスの地下茎は、みなさんが食べるレンコンで、水をはった水田で育ちます。葉は水面に出て高さ１ｍ以上に育ち、美しい花を咲かせます。花は、お釈迦様が座っている花でもあります。

　ハスの葉には、どうしてきれいな水滴ができるのでしょうか？

　秘密は、葉を触ってみると分かります。表面が少しザラザラしています。このザラザラが、水を玉のような丸い形にして、水をはじくのです。つるっとしている方がよくはじきそうな気がしますが、違います。

　水をはじくことを「はっ水」といいます。表面にものが付きにくくなるということです。ハスなどの植物は太陽の光で「光合成」をするため、いつも葉をきれいにしておくことが必要です。自分自身で葉をきれいにするってすごいですね。

　身のまわりにも、ザラザラの「はっ水」効果を利用しているものがあります。「ヨーグルト製品のアルミニウムふたの裏」です。昔のふたにはザラザラがなく、裏にヨーグルトがつきやすかったため、ハスの葉をヒントに開発したそうです。興味のある人は、ぜひ確かめてみてください。

ハス

水滴
ザラザラ
している
↓

信号機

傘

水に
ぬれない水着

ヨーグルト

ふたに
くっつかない！

　傘には、表面に水をはじく小さな柱（フッ素樹脂という物質）があります。使うことによって倒れてしまいますが、温めると戻ります。「はっ水」効果がなくなってきた傘をもとに戻したいときは、ドライヤーで表面を温めてみましょう（温めすぎには注意してください）。

　はっ水効果を利用したものは他にも信号機や電線の着雪防止、水をはじくコンクリート、太陽光発電のパネル、水にぬれない水着などたくさんあります。

　植物の不思議な性質を利用すれば、私たちの生活はもっと豊かになるかもしれません。（采女詠一）

ウミホタルを捕まえよう

　海にはさまざまな生き物が生活しています。今回は、瀬戸内海で生活しているウミホタルを紹介しましょう。そもそもウミホタルとはどんな生き物なのでしょうか？　ホタルという名前がついていますが、川辺で光るあの蛍（昆虫類）の仲間ではなく、エビやカニ（甲殻類）の仲間です。しかし、その名のとおり夜になると、美しい青い光を放ちます。だから、海の蛍、と名付けられたのだと思います。体は小さく3㎜くらいで、メスの方が少しだけ大きいです。日中は、砂の中で生活していますが、夜になると水中を活発に泳ぎまわります。

　ウミホタルは、身近な道具を使って簡単に捕まえることができます。捕まえやすい場所は、砂浜がある海辺で、時間帯は夜がおすすめです。夜の海は危ないので捕まえに行くときは必ず大人と一緒に行きましょう。

　まず、コーヒーの空き瓶など、ふたがついた容器を用意しましょう。ふたに直径5〜10㎜程度の穴を10〜20カ所ほど開けます。穴を開けたふたに、約10mのロープを取り付け、えさを瓶の中に入れてふたをします。えさは、魚の切り身やスルメなどがいいでしょう。瓶を海の中に沈め、30分ほどそのままにした後、引き上げます。引き上げたら、瓶の中の海水ごとバケツに移します。ウミホタルが入っていれば、青い美しい光が見えるはずです。

　ウミホタルは光るとき、ルシフェリンという物質を出します。ル

ウミホタル捕獲装置

ふたに穴を開ける

コーヒーの空き瓶

ストッキングに入れたスルメや魚の切り身

約10メートルのロープ

堤防から投げ入れる

えいっ！

30分後に引き上げると…

きれい！

ウミホタルの体

複眼

心臓

消化器官

上唇腺（じょうしんせん）
光のもととなるルシフェリンを出す

シフェリンは、水中の酸素とくっつくと、青白い光を放ちます。このとき、ルシフェラーゼという物質が、くっつく手助けをします。ウミホタルは、この光を使って、敵を威嚇したり、仲間に危険を知らせたり、雄は雌に求愛の合図を送ったりしているのではないのかと、言われています。

　ウミホタルは、海水が温かい11月ごろまで活発に活動します。もし、海に遊びに行く機会があれば、採集してみてください。少々乾燥しても、水に入れるとまた光ります。海から遠いところに住んでいる人も、家に持って帰って、幻想的な光を見ることができます。

（片山翔太）

53 原子の種類で色変化

　この世界のすべてのものは、つぶつぶからできています。草や木や昆虫も、鳥や犬や人間も、土や砂や石も、ガラスや壁や天井も、家やスーパーマーケットや学校も、すべてつぶつぶからできています。このつぶは原子と呼ばれています。原子は小さすぎて目には見えません。見えないけれど、そこらじゅうに数えきれないぐらいたくさんのつぶつぶがあると想像してみてください。

　そこらじゅうにたくさんある原子ですが、種類はそれほど多くありません。科学者が調べたところ、現在 118 種類の原子があることが分かっています。その中には、研究所の実験装置の中でしか存在しない不安定な原子も含まれているため、私たちの身の回りにある原子はおよそ 90 種類ぐらいです。

　鉄、酸素、窒素、金、銀、銅、カルシウム、硫黄、水素、ナトリウム、アルミニウム、炭素、塩素、ゲルマニウム、ウラン……。これらはみな原子の種類を表す名前です。

　今回はこの中で、塩素に注目してみましょう。

　塩素とナトリウムがくっつくと、塩化ナトリウムといって、いわゆる食塩になります。塩素と水素がくっつくと、塩化水素（これを水に溶かしたものが塩酸）といって、胃袋の中にある胃酸の主成分になります。また、ビニール袋にはいろいろな種類がありますが、塩化ビニール（ポリ塩化ビニール）からできているものがあり、これに塩

用意するもの

ラジオペンチ
ラップ材
カセットコンロ
銅線
バーベキューの串（くし）

銅線をペンなどに
3回巻きつけて
輪状にする

バーベキューの
串の先に銅線を固定

銅線がオレンジ色に
なるまで熱する

1cm四方の
ラップをのせ、熱する

塩素をふくまない
ラップ

ふつうの炎

塩素をふくんだ
ラップ

緑色の炎

素が含まれています。

　食べ物を包むのに使われるラップにも、いろいろな種類がありま
す。ラップの箱の原材料名（げんざいりょうめい）を見てみてください。「塩化〜」と「塩化」
の文字が入っているものと、入っていないものがあると思います。

　では、実験です。ラップに塩素が入っているのか、入っていない
のか、調べてみましょう。原材料名に「塩化」の文字が入っている
ラップと、「塩化」の文字が入っていないラップの2種類を用意して
ください。ラップに塩素が入っている場合は、炎の色が鮮（あざ）やかな緑
色になります。塩素と銅がくっついて、炎の色を変化させているの
です。（坂根弦太）

色粘土で地層を作ってみよう

　先日、岡山県北の奈義町にある「なぎビカリアミュージアム」に行きました。ここでは、ビカリアの化石などを掘ることができます。ビカリアというのは、暖かいところの海に生息する貝の仲間です。

　1600万年前、奈義町あたりは亜熱帯気候だったそうです。施設の奥には、多くの化石が埋まったままの地層がありました。土の色や含まれる粒の大きさ、形の違いからしま模様に見えました。ビカリアは、砂や泥の多い層でたくさん見つかるようです。地層を調べることで、生物が生息していた昔の様子を知ることができます。

　ところで、小学6年の理科の学習の中で、地層を観察、実験をする活動があります。今回は、色粘土を使った地層の作り方を紹介します。

　図のように、透明な直方体の容器に丈夫な紙を敷きます。その上に赤、青、黄、白の粘土を、そのままの厚さで交互に重ねます。地層の完成です。小さな巻貝などを入れておくと、化石を含んだ地層になります。しかし、これでは表面のしま模様しか見ることができません。

　そこで、内部も同じか調べるために、太めのストローを上から下まで刺し、ゆっくり取り出します。内部に粘土が層になっています。これは、工事現場で行っているボーリング調査と同じことをしたのです。断面を切り出さなくても、内部の様子を知ることができる方

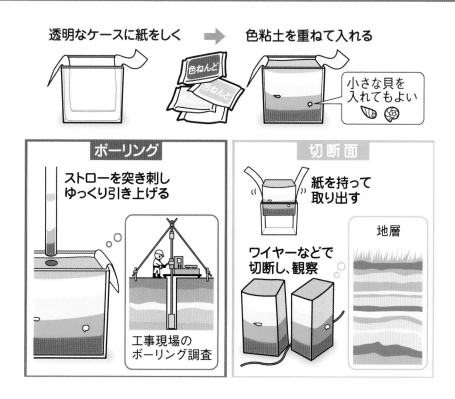

法です。

　次に、紙を持って容器から取り出し、切って切断面を観察すると、同じ模様を両側に観察することができ、地層の奥行きを実感することができます。本物の地層はなかなか目にすることができません。道路を作る工事現場に出くわしたときなどがチャンスです。表面が覆われる前に観察しましょう。

　海に近いところに住んでいる人には、別のチャンスがあります。波に洗われた海岸の断崖には、むき出しになった地層がよく見られます。こうして、地層は何万年前のことを、現在に伝えてくれているのです。（大木　進）

55 葉っぱの落ち方で 空気の流れを観察しよう

　秋が深くなると、山がきれいに色づき、冬が近づくと、葉っぱは落ちてしまいます。今回は葉っぱの落ち方から、空気の流れを考えてみましょう。

　公園などで落ち葉を探すと、いろいろな形や大きさの葉っぱが発見できますね。風のない日にじっと観察していると、クルクルと回転しながらゆっくり落ちてくる葉っぱを見ることができるかもしれません。

　葉っぱの代わりに細長い紙で実験してみましょう。新聞などの軽い紙を細長い長方形に切って、長いほうを水平にして面を立てて落としてみましょう。スッとすぐに落ちてしまうことも多いですが、何度かやってみると、クルクルと回転しながらゆっくり落ちることもあります。しかも真下に落ちるのではなく、斜めに滑空するように落ちます。

　紙の大きさを変え、今度はお菓子の箱などのちょっと厚めの紙を細長い長方形に切り、先ほどと同じ向きに回転させながら投げてみましょう。コツがいりますが、強く回転させればさせるほどフワッと浮くはずです。つまりこの回転が大切なのですね。実は回転しながら空気中を進む物体には、特定の方向に曲がろうとする力がはたらきます。この力によって、重力に逆らいながらゆっくりと落ちるのです。

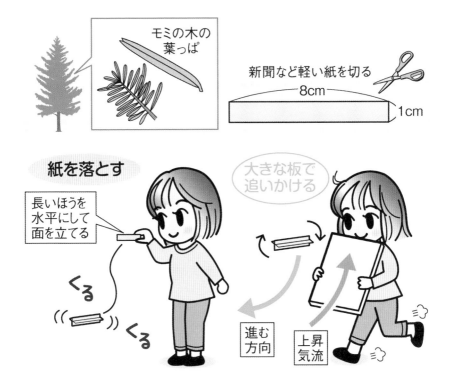

モミの木の葉っぱ

新聞など軽い紙を切る
8cm
1cm

紙を落とす

大きな板で追いかける

長いほうを水平にして面を立てる

くる

くる

進む方向

上昇気流

　次に大きな板を胸の前で自分の方に傾けて持ち、くるくる回りながらゆっくり落ちる軽い紙を追いかけてみましょう。一人だと難しいので、だれかに紙を落としてもらいましょう。背の高い人のほうがいいですね。追いかけると紙は落下せず、回転しながらずっと浮かせることができます。これは傾けた板に沿って上昇気流が生まれ、紙片はこの気流に乗って浮いたのです。

　最後には、落ち葉の1枚をとって落としてみましょう。落とすときの落ち葉の向きを変えてみたり、違う形の落ち葉と比べてみたりするのも、興味深いですね。1枚の葉っぱの落ち方にも、科学の不思議がつまっていますね。（小野佑介）

リモネン利用して
スタンプを作ろう

　オレンジやグレープフルーツ、レモン、ユズといった柑橘系の果物の皮には「リモネン」という物質が含まれています。むき終えたオレンジの皮を折り曲げると液体が出ますよね。この液体にリモネンが含まれているのです。

　実はリモネンには発泡スチロールを溶かす力があります。今回は、この力を利用して簡単に楽しめるスタンプ作りを紹介しましょう。まず、用意する材料は、発泡スチロール、オレンジ（ネーブルやグレープフルーツなど皮の硬いもの）、紙（厚紙で水をはじくもの。牛乳パックの紙がとてもよい）です。

　必要な道具は、はさみ（またはカッター）、果物ナイフ、えんぴつ（またはマジックペンなど）、セロハンテープ（切り抜いた紙を発泡スチロールに留める）、スタンプインクです。

　作り方は次の順序です。

①厚紙に好きな形や文字を書いて切り抜きます。

②厚紙を発泡スチロールに乗せます。

③オレンジの皮を切り取ります。

④皮をしぼるようにしながら、発泡スチロールの部分に汁をこすりつけます。

⑤すると、紙の形を残して、だんだんと発泡スチロールが溶けていきます。

牛乳パックから
切り出した紙

好きな形を
切りぬく

オレンジの皮

リモネン

オレンジの皮で
発泡スチロールをこする

ぺた

⑥できあがったら、スタンプしてみよう！

　オレンジの皮は、たくさん切っておいて、こまめに取り替えた方がいいでしょう。

　スタンプで遊んだら、次に手にオレンジの汁を塗って、発泡スチロールに押し付けてみましょう。自分の手形ができますよ。ただし、あとで手をよく洗いましょうね。

　興味のある人は、他の果物でも実験してみましょう。リモネンを多く含む果実はどんなものがあるのかな。リモネンの力を利用した接着剤や液体せっけんなどもありますよ。自然の力をうまく利用すれば、私たちの生活はさらに豊かになるのかもしれませんね。（池田一成）

ディスプレーの色の仕組みを見てみよう

　街を歩くと、さまざまな案内、宣伝用のディスプレーに遭遇します。身近なところでは、スマートフォン（スマホ）、パソコン、テレビの画面に写真や動画がきれいな色で表示されていますね。これらのディスプレーがどういう仕組みで色を表示しているのでしょうか。

　まず、大型のテレビをごく近くで観察してみてください。なめらかに見える画像は、実は画素（ピクセル）という非常に小さな領域がモザイクのように並んでできています。さらによく見てみると赤緑青の3色の領域（サブピクセル）が規則正しく並んでいるのがわかります。この3色は光の三原色と言われており、赤（Red）、緑（Green）、青（Blue）の頭文字をとって、ＲＧＢと呼ばれることもあります。この3色の光を組み合わせることで、いろいろな色の光を発生させているのです。我々の目にはこの3色の光を感じる独立した細胞があり、そこから得た情報を脳で総合して、色を感じとっています。

　さて、スマホについては近くで目を凝らして見てもテレビで見えたような模様は見えませんが、どうなっているのでしょう？　細かすぎて見えないのでしょうか？

　では拡大したらどう見えるか、50円玉で簡易ルーペを作って見てみましょう。まず、厚紙を手で持ちやすい形にカットし50円玉を支えるホルダーを作ります。50円玉の穴の部分より十分に大きな穴をあけて、その穴に合わせて50円玉を固定します。穴の部分にス

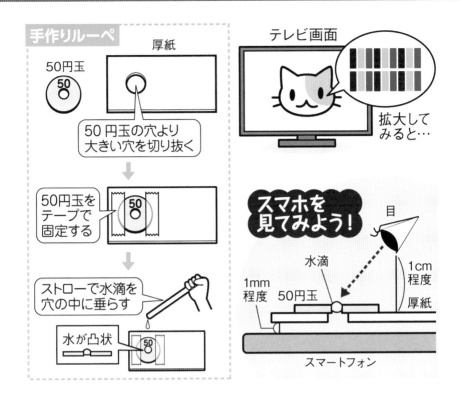

トローなどで水滴を落として水をためて水玉をつくります。水の量を調整して、凸状になれば完成です。

　さあ、作ったルーペでスマホの画面を拡大してみましょう。スマホとルーペ、ルーペと目の間の距離をいろいろ変えて像がはっきり見えるようにして調節します。ルーペと目の距離を1cmくらいに保ちながら、ルーペとスマホの距離をギリギリまで近づけて微調整するのがコツです。水滴の量もいろいろと変えて試してみてください。うまく調整できれば、テレビで見えたのと同じような模様が浮かんでくるはずです。(吉村浩司)

58 虫眼鏡でカメラを作ろう

　みなさんは虫眼鏡で遊んだことはありますか？　虫眼鏡のレンズは光を一点に集めることができ、この点を焦点といいます。これを利用して物を拡大してみたり、組み合わせて望遠鏡を作ったりと、いろいろなところで使われています。今回は虫眼鏡を使って簡単なカメラを作り、実験をしてみましょう。

　用意する材料は虫眼鏡と牛乳パック２個、トレーシングペーパー（なければ半透明のレジ袋の印刷されていない部分）、黒いビニールテープ、黒い画用紙です。初めにレンズの焦点距離を測ってみましょう。レンズと白い紙を持って外に出て太陽の光をレンズで紙の上の一点に集めてみてください。このときのレンズと紙の距離が焦点距離です。

　では、このレンズを使ってカメラ作りです。牛乳パック２個を、底からレンズの焦点距離と同じ程度の長さで切り取ります。一方の底にレンズより少し小さめの穴を開け、レンズを取り付けます。もう一つの牛乳パックは開いて底に四角い穴を開け、トレーシングペーパーを張ります。レンズの付いた牛乳パックに覆いかぶせるようにして黒いビニールテープで留めると、本体完成です。

　実験のため黒い画用紙を７cm角に切り取り、中心部分に直径５mmと20mmの穴を開けたものを用意します。レンズを窓の外や蛍光灯に向け反対側から見てみましょう。レンズとトレーシングペーパーの距離を変えると、トレーシングペーパーに像が映って見え

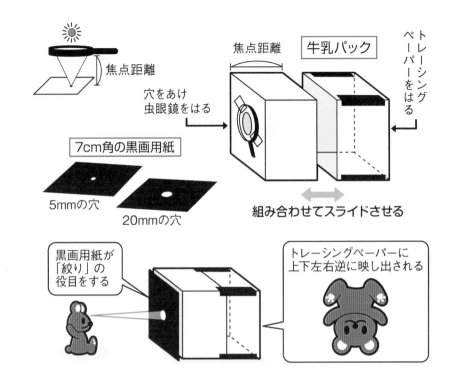

焦点距離

穴をあけ
虫眼鏡をはる

7cm角の黒画用紙

5mmの穴

20mmの穴

焦点距離

牛乳パック

ト
レ
ー
シ
ン
グ
ペ
ー
パ
ー
を
は
る

組み合わせてスライドさせる

黒画用紙が
「絞り」の
役目をする

トレーシングペーパーに
上下左右逆に映し出される

るでしょう？　次に像がぼやけた状態にしてレンズの前に穴を開け
た黒画用紙を置いて見ます。穴が小さい方が像は暗くなりますが、
ピントが合ってシャープな像になります。これはカメラの「絞り」
という機能で、レンズの中心部分だけを使うと、暗くなるけどはっ
きりとした像が得られるのです。

　この機能は人間の目にもあります。目の黒目の部分の内側は瞳孔
といい、その中にレンズがあります。黒目の外側は虹彩といって、
はっきりと物を見られるように、明るいときには虹彩が瞳孔を閉じ、
暗いときは瞳孔を開いてなるべくたくさんの光を取り入れられるよ
うにできています。（村山大輔）

59 超能力！ 不思議な振り子

　みなさんは、テレビ番組などで超能力を見たことがありますか。念力でスプーンを曲げたり、触らないで物を動かしたりするものです。そんなことができる人が本当にいるのか、それとも、種や仕掛けがあるただの手品なのか。私には分かりません。

　今回は、超能力に見えるけれども、実は物理の法則を利用しているだけ、という実験を紹介します。

　動けと命令すれば動きだし、止まれと命令すれば勝手に止まるという、不思議な振り子です。

　食卓の椅子二つの間に、水平に細い糸を張ります。糸はたこ糸がいいでしょう。この糸に、乾電池で作った振り子を二つ、少し離してつるします。振り子の糸の長さは同じにします。これで準備は完了です。

　まず、一方の振り子Ａを動かします。しばらく見ていると、次第に振動が小さくなります。そうして、他方の振り子Ｂが動き始めます。そのうちＡは止まってしまいます。その時は、Ｂが大きく動いています。またしばらく見ていると今度は、Ｂの振動が小さくなりますが、止まっていたＡがまた振動を始め、ＡとＢの振動が繰り返されます。これは、同じ長さの振り子が、振動のエネルギーをキャッチボールしたということです。このような振り子を「共振振り子」といいます。

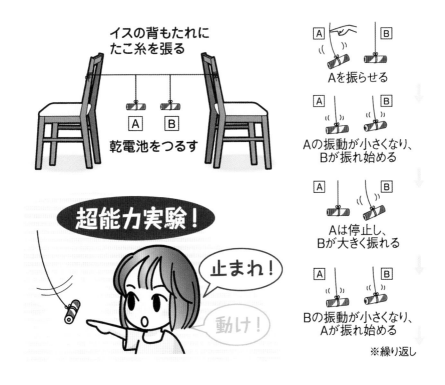

イスの背もたれに
たこ糸を張る

乾電池をつるす

A B

Aを振らせる

Aの振動が小さくなり、
Bが振れ始める

Aは停止し、
Bが大きく振れる

Bの振動が小さくなり、
Aが振れ始める

※繰り返し

超能力実験！

止まれ！

動け！

　さて、超能力実験です。まず一方の振り子を動かします。振動が小さくなるころに振り子を指さして「止まれ」と言ってください。命令に従って止まったように見えます。しばらくして「動け」と言ってください。命令に従って動きだしたように見えます。実は、命令に従ったのではなく、物理法則に従って動いたり止まったりしただけなんです。

　振動が入れ替わる時間は、最初に張った水平な糸の引っ張り具合によって変わります。ピンと張ると短い時間で移り、だらりと張ると長い時間をかけて移ります。命令を聞いたように見せるためにはどんな時間がいいか、いろいろ調節してみましょう。（生部昭光）

60 地震で地面がどろどろに

　みなさんは、地震の時に起きる液状化現象を知っていますか。この現象は、大きな地震によって地面が揺らされた時に、地下にある水分によって地面がどろどろの液体のような状態になってしまうことです。

　液状化は、水分をたくさん含んだ砂質の地盤で発生する現象です。水分を含んでいるところの地面は図1のように土の粒と粒がお互い支え合って固い地面になっています。その隙間に水分が入っています。地震が起きて地面が揺れると図2のように土の粒は隙間をうめるように動こうとしますが、この時、水がその動きを邪魔するように働きます（間隙水圧の上昇）。大きな地震が起きると間隙水圧が大きくなり、図3のように土の粒と粒がはなれて水の中に浮いているような状態になります。これが液状化です。

　東日本大震災では、震源から遠く離れた東京湾周辺の地域でも地上の建物や道路などが沈下したり傾いたりする液状化現象による大規模な被害が発生しました。

　この液状化現象をバケツの中で起こすことができます。やや小さめのポリバケツや水槽に八分目ぐらい砂を入れます。そして砂と同じ高さにヒタヒタになるまで水を入れます。その上から乾いた砂を1cmの厚さぐらいになるようにかぶせ、表面を乾いた状態にします。これで液状化が起きやすい地面になりました。

図1

図2

間隙水圧

図3

バケツに砂を8分目まで入れ、ひたひたになるまで水を入れる

ゴムボールや木片を砂に埋め、地面に鉄球を置く

乾いた砂をかける

バケツをトントン叩き振動させる

　次に、この地面の上に鉄球（なかったら乾電池でもよい）などの比重の大きいものを数個置きます。そして比重の小さいゴムボール、円柱の形をした木片などを砂の中にうめます。これで準備完了です。この後、地震が起こったという想定でバケツを揺らします。バケツの横をトントンたたいたり、マッサージ器をバケツに当てたりしてバケツ全体が振動するようにします。すると地面の表面に水が湧いてきて液状化が起こります。重い鉄球は下に沈み、見えなくなります。逆にうめ込んでいた物が砂の中から出現してきます。

　入れる水の量や揺らし方、砂粒の大きさなどいろいろ変えて試してみましょう。（岸　誠一）

アサガオは「右巻き」？「左巻き」？

　私が子どもの頃は、小学1年生でアサガオを育て、夏休みに家へ持って帰って観察する宿題がありました。アサガオを観察すると、つるが支柱にぐるぐると巻きつきながら上に上に成長していました。では、この巻き方を「左巻き」「右巻き」のどちらで言うのがいいと思いますか。上（つるの先端の方）から見ると時計の針が回る向きと反対に巻いているので「左巻き」ですか。それとも、下（根っこの方）から見ると時計の針と同じ向きに巻いているので「右巻き」ですか。

　ちょっと考えてみましょう。時計の針は右回り、と思っていますね。それは、時計に向かって見ている人が言っているのであって、時計にとってみれば、その逆の左回りです。

　ネジはどうでしょうか。右に回すと前に進むネジを、右ネジと言っています。これを先端から見れば、左に回りながら近づいてきます。

　この2つの例では、時計は正面から見た時、ネジは頭側から見た時、という約束があるのです。つまり、アサガオの巻き方は、観察する位置を約束しないと、「左巻き」「右巻き」のどちらともいえないのです。今から100年ほど前、ストラスブルガーというドイツの植物学者がつるの巻き方を言う時の約束を決めました。「巻く向きは、上から見ることにしよう」ということで、アサガオは「左巻き」

巻き方を観察するときのルール

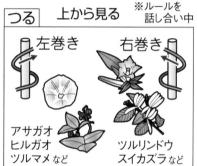

となります。

　しかし、上から見て巻き方を決めるのは植物学だけです。他の分野では横から見ることになっています。先ほどのネジは、横から見ると左下から右上に進みます。この巻き方を「右巻き」といいます。現在、植物学でも横から見ようという意見も出てきていて、どちらが良いか話し合いが続いているようです。

　つるが巻く向きは植物の種類によって決まっています。アサガオと同じなのは、ヒルガオ、ツルマメなど。逆向きはツルリンドウ、スイカズラなどがあります。身の回りのつる植物を探して、巻き方を調べてみましょう。（村瀧康子）

62 熱の移動を体感しよう

　冬の寒い日に、駅や公園でアルミ製のベンチに座ると、おしりが冷たく感じたことはありませんか。木製ベンチはあまり熱移動がありませんから、座ったらすぐに表面が体温と同じ温度になって温かく感じますが、アルミは熱が移動しやすく、体温がおしりからベンチを通って空気中へと逃げていくのです。だからアルミのベンチは冷たく感じます。この熱の移動のことを熱伝導といいます。

　では、家庭にある材料で、熱伝導の違いを調べる実験をしてみましょう。

　用意するものは、できるだけ大きなアルミ鍋と銅製鍋（もし家にあれば）、鉄鍋（ステンレスの鍋やボウルなども可）、土鍋、まな板。そして冷凍庫にある四角い氷です。

　まず、アルミ鍋を図のように逆さにして、鍋の底の真ん中に氷を乗せてください。アルミは熱伝導が良いので、氷は鍋が持っている熱をどんどん吸収して、ものすごい勢いで溶け始めます。30秒ほど経過して鍋に触ると全体が冷たくなっています。鍋から氷へ熱が移動したからです。溶けた氷は、鍋と氷の間に水の膜を作り、鍋を少し傾けるだけで、つるつる滑ってスケートをしているように見えます。氷が落ちないように鍋の傾きを上手に調整してください。銅の鍋があれば、アルミ鍋と同じように氷を乗せてみましょう。アルミ鍋以上に短時間で、まるで早送り映像を見ているように溶けていきます。ほかに鉄鍋

や土鍋、まな板などを使って同じように実験し、氷が早く溶けた順に並べてみましょう。

　1番が銅鍋、2番がアルミ鍋、3番が鉄鍋になるはずです。これは熱伝導が良い順番です。アルミ素材は熱伝導が良い上に軽くて安価で加工しやすいので、発熱の多い電子素子やパソコン内部のCPU（計算を行う装置）などを冷却する放熱部品として活用されています。

　またアルミ鍋は、冷凍食品の自然解凍に使うと、短時間で解凍できます。急ぐ場合は扇風機で鍋に風をあてると、より早く解凍できますよ。（武下博彦）

63 ダイズ（大豆）を育ててみよう

　6月のはじめにダイズ（大豆）を植えて育てると、天候にもよりますが10月ごろにはエダマメ（枝豆）、12月ごろにはダイズとして収穫できます。畑で育てたりしているお家の人はよく知っていることでしょうね。

　ダイズは、畑がなくてもマンションのベランダなどでプランターで育てることもできます。白いダイズなら10〜20cm間隔で1カ所に2、3粒ほどまき、土を3cmほどかぶせます。最初の子葉が出てきて、次に初生葉（子葉の次に出てくる葉）が出てくるころに、1カ所に2、3粒まいたうち1本だけ残すように間引いてやり、元気なものを残します。黒いダイズ（黒豆）の場合は30〜40cm間隔。畑ではあまり水やりは必要ありませんが、プランターで育てるときには水やりが必要です。

　やせた土地（肥料分の少ない土地）でもダイズは育ちますが、その秘密は根っこにできる根粒菌が成長を助けてくれるからです。エダマメ収穫のとき、根っこごと抜いてみると根粒菌がついているのが観察できます。これはダイズに限らずマメ科の植物、例えばエンドウやレンゲ、クローバーなども同じです。ところが、根粒菌なら何でもいいかというと、それぞれに決まった相手がいるので、ダイズと相性のよい根粒菌はクローバーにはあまりくっつかないのです。

　また、本葉は3枚がセットになっていますが、よく観察すると、

本葉

初生葉

根粒菌

子葉

　直射日光が当たっているときと、日がかげっているときで、葉の立ち方が違っています。これは太陽の光が当たりすぎて温度が上がらないようにしたり、下の葉にも光が当たるようにダイズが工夫しているのですね。

　コメを主食としているアジアの国ではダイズをおかずとして食べている国が多くあります。成分はタンパク質と脂肪、コメの成分は炭水化物なので、ダイズとコメを食べることは栄養バランスがとても優れています。日本では昔からダイズをみそ、しょうゆ、豆腐、納豆などに加工して食べてきました。身近な作物であるダイズをぜひ、育てて観察してみてください。(藤原晶子)

リンゴはなぜ赤い？
反射元の光で決まる色

　みなさんは、リンゴは好きですか。私は大好きです。あまくて、ちょっとすっぱくて、とてもおいしいですね。また、手で持ったときの大きさと、真っ赤な色が大好きです。

　リンゴといえば赤、赤といえばリンゴ。みなさんは「なぜ、リンゴは赤いのか？」という疑問をもったことはありませんか。交通信号機の赤とリンゴの赤は、同じかな？　違うかな？

　実は、交通信号機の赤とリンゴの赤とは、少し原理が違います。交通信号機の赤は、LED（発光ダイオード）というものが光って、自分で赤い光を出しています。これに対して、リンゴは、赤い光を自分で出しているのではなく、赤い光を反射しています。それでは、反射の元の光は、どこから来ているのでしょうか。

　夜に明かりをつけていない部屋は真っ暗闇です。部屋の中にリンゴがあっても赤くは見えません。私たちが見ることができる「モノの色」は、太陽や部屋の明かりなどの光、つまり、反射の元の光が必要であり、リンゴは赤い色の光だけを反射するモノだということができます。

　光が反射しているのを確認してみましょう。太めのプラスチック製のストローと黒画用紙を準備します。ストローに黒画用紙を巻いて、光が通らないようにします。このストローで、リンゴをのぞいてみましょう。ストロー内面が赤く見えるはずです。リンゴの表面

から出る赤色だけが反射して見えているのです。レモンやオレンジでも試してみましょう。ストローの内面が黄色やオレンジ色に見えます。つまり、物体に太陽の色が当たった後、リンゴは赤だけ、レモンは黄色だけ、オレンジはオレンジ色だけを反射していることが分かります。

　モノの色は、反射の元の光で決まります。そのため、太陽光と部屋の明かりでは「モノの色」は少し変わります。服を選ぶとき、蛍光灯ではなく太陽の光に当ててみるのも、そのためです。黒画用紙を巻いたストローで、いろいろなモノを見てみましょう。新しい色の発見があると思います。（本山武志）

65 リニアにも使われる 電磁石の仕組み

　先日、テレビでリニア新幹線のことを放送していました。東京と名古屋の間を時速500kmで走るそうです。たった40分。超超特急ですね。

　リニア新幹線の車体には車輪がありません。車体を、電磁石の原理で浮かせて走ります。黒板に紙を張るとき磁石を使います。電磁石はそれとは少し違って、電気を流したときにだけ磁石になるという物です。身の回りでは、扇風機や掃除機などに電磁石は使われていますが、直接見ることはないと思います。

　今回は、電磁石を作って、浮く原理を試してみましょう。

　用意するものは、エナメル線とくぎです。ホームセンターで手に入ります。まず、くぎにエナメル線を巻き付けます。すきまのないように巻き付けて、途中で折り返して巻き重ねます。両端は少し残します。100回ほど巻いたら、ほどけないようにセロハンテープで固定します。エナメル線の両端のエナメルを、紙やすりでこすってはがします。これを二つ作ります。

　両端に乾電池をつなぐと、電磁石になります。残ったくぎをくっつけてみましょう。くっつきますね。乾電池を外すと、くぎは外れますよね。電気が流れたときだけ磁石になります。

　それでは、もう一つの電磁石にも電池をつないで、互いにくっつけてみましょう。磁石にはS極とN極がありますが、電磁石にもあ

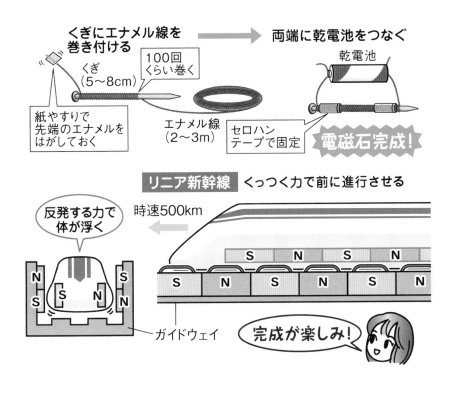

くぎにエナメル線を
巻き付ける

くぎ
(5～8cm)

紙やすりで
先端のエナメルを
はがしておく

100回
くらい巻く

エナメル線
(2～3m)

セロハン
テープで固定

両端に乾電池をつなぐ

乾電池

電磁石完成!

リニア新幹線 くっつく力で前に進行させる

反発する力で
体が浮く

時速500km

N S N S S N
N S N
N S N

S N S N S N S N S N

ガイドウェイ

完成が楽しみ!

ります。くっつく向きと、反発する向きがありますね。リニア新幹
線はこの反発する力で、車体を浮かせています。また、くっつく力
で前に進行させます。

　リニア新幹線では、おどろくほど強力な電磁石が必要です。強力
な電磁石を作るためにはどうしたらいいでしょうか。実は、電流が
大きく、コイルの巻き数が多いほど、磁石の力は強くなります。自
分でいろいろ試してみましょう。

　リニア新幹線が開通したら乗ってみたいですね。そのうち岡山ま
でも来るかもしれませんね。東京へは何時間で行けるようになるの
でしょうか。楽しみです。(小谷将史)

66 寒天を使って粒子の大きさを調べよう

　みなさん、ようかんやみつ豆に使われている寒天を知っていますか。寒天は海藻に含まれるアガロースという食物繊維でできています。アガロースは固まるときに大量の水を含む立体的な網目状構造（スポンジのような構造）を作ります。

　今回は寒天の網目を利用して、水に溶けた粒子の動きや大きさの違いを調べてみましょう。

【用意するもの】粉寒天 2 g、食紅（食用色素赤）、食塩、牛乳、墨汁、紙コップ

　はじめに、図のようにして寒天を作っておきます。

　次に、①牛乳に小さじ 1 杯の食塩を溶かした液②水に食紅を溶かし、墨汁を 3、4 滴加えた液——を作ります。液量は紙コップ1/3です。

　液ができたら、それぞれに、表面に割れなどのない寒天を 2、3 個浸して約 2 時間待ちましょう。時間がきたら取り出して水洗いします。①の寒天は食べてみましょう。見た目は変わりませんが塩味がしっかり付いていますね。②は黒い液の中からきれいな赤い寒天が出てきます。不思議に感じませんか？

　この理由を考えてみましょう。液の中で食塩・牛乳・食紅・墨汁はそれぞれ大きさの違う粒子として水に散らばっています。これらの粒子は遮るものがなければ濃い側から薄い側へ自然に広がってい

140

きます。

　ここで寒天の網目がフィルターの役目を果たします。網目より大きい牛乳・墨汁は寒天の中に入れず、網目より小さい食塩・食紅が寒天の中に広がったのです。

　赤い寒天から食紅を取り出すこともできます。寒天を水に浸けてみてください。しばらくすると水が赤くなり寒天の色が薄くなりますね。食紅が濃い側（寒天）から薄い側（水）へ移動しています。寒天を浸して、粒子が網目より大きいのか小さいのか、身の回りの物で調べてみましょう。色で確認しやすい絵の具・インク・かき氷シロップ・ジュースなどがお勧めです。（宮宅康郎）

67 色水の「変身」マジック

　みなさんは紫キャベツの色水を作ったことがありますか？　紫色の美しい色水です。この色水に魔法液Aを少し垂らすと、あら不思議、赤色に変身！　次に別の紫の色水に魔法液Bを垂らすと、今度は何色に変身するかな？

　今回は紫キャベツの不思議な力と魔法液の性質を使ったマジックです。おうちにある魔法液Aを「酢」、魔法液Bを「重そう」で試してみましょう。

　最初に、紫キャベツのきれいな色水を作ります。手順は簡単です。①紫キャベツを細かくちぎる。②鍋でゆでる。または、耐熱性の入れ物に熱湯を入れて色水を作る。キャベツの量と湯の量を同じくらいにする。③キャベツが白っぽくなったら、火を止める。④冷ます。⑤色水を小さな入れ物に、少しずつ取り分ける。透明な入れ物を複数用意しておくと、元の液の色と比べられるよ。

　それでは、マジック開始！　用意しておいた色水に、魔法液A「酢」、魔法液B「重そう」を、それぞれ数滴ずつぽとぽとと入れてみましょう。注意する点は、スプーンは魔法液ごとに洗って使うこと。混ざってしまったら実験になりません。

　次に、魔法液C「せっけん水」、D「レモン水」、E「砂糖水」などでも試してみましょう。どうですか？　紫キャベツの色水マジックは、魔法液を使ってうまくいきましたか？

【性質による色の変化】

赤	紫	緑	黄

酸性	中性	アルカリ性
・酢 ・炭酸水 ・レモン、ユズなどの 　しぼり汁	・水 ・砂糖水 ・食塩水	・重そう水 ・せっけん水 ・石灰水 ・アンモニア水

　マジックの種明かしをすると、この現象は溶液の性質に関係があります。水溶液が酸性かアルカリ性か、また、同じ酸性やアルカリ性でも強さの違いで、色の変わり方が異なります。水溶液の種類と「濃さ」や「量」で色が変わるのです。大まかな目安としては、変化した色が赤なら「強い酸性」、ピンクなら「弱い酸性」、紫のままなら「中性」、青や緑なら「弱いアルカリ性」、黄なら「強いアルカリ性」と考えてください。

　紫キャベツの紫色の正体はアントシアンという色素です。このアントシアンを含むアサガオやパンジー、ナスの皮、マローブルーなどでもマジックを楽しむことができますよ。（西本淳二）

画びょうで電気が行き来する
おもちゃを作ろう

　寒い冬、空気が乾燥すると静電気がたまりやすくなります。髪の毛がまとまらなかったり、洋服がまとわりついたり、ドアノブに触れて「パチッ！」という音や「チクッ！」という痛みを感じるなど、困りものです。

　電気にはプラス（＋）とマイナス（−）があって、この世の全てのモノに含まれています。普通は＋と−が等量なので気になりません。ところがモノとモノがこすれるなどすると一方は＋、他方は−が多くなります。これを「静電気がたまった」と言い、いろいろな現象を起こします。＋と＋、−と−のように同じ電気は反発する力が生じます。髪の毛がまとまらない原因です。また、＋と−のように異なる電気は引き合う力が生じます。洋服がまとわりつく原因で、引き離す（セーターを脱ぐなど）と「バチッ！」と放電します。

　今回はこのちょっと厄介な静電気の性質を利用して遊びましょう。割り箸の中央に細い糸を結び、糸の先に小さな金属（画びょうなど）を取り付けます。下敷きの上に空き缶二つを並べて置いて、割り箸を橋渡しに載せ、画びょうが二つの缶の間にぶら下がるようにします。このとき画びょうは、どちらの缶にも触れないようギリギリ近づくように調整しましょう。また、缶の画びょうが触れるあたりはあらかじめ紙やすりで塗装を剥がしておきます。乾いたティッシュでこすった樹脂の棒（ストローやものさしなど）を一方の缶に幾度かこすりつけて

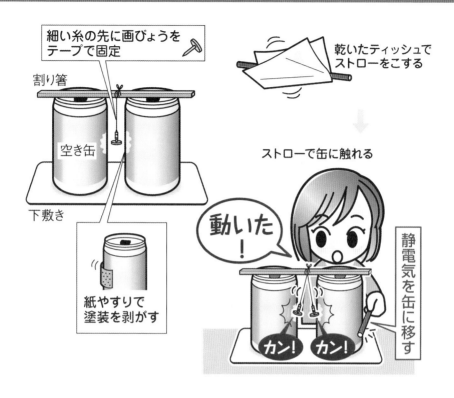

細い糸の先に画びょうを
テープで固定

割り箸

空き缶

下敷き

紙やすりで
塗装を剥がす

乾いたティッシュで
ストローをこする

ストローで缶に触れる

動いた！

静電気を缶に移す

カン！　カン！

缶に静電気を移すと……画びょうが小気味良い音を鳴らして缶のすき間を往復しはじ始めます。

　これは画びょうが静電気のたまった缶から、たまっていない缶に電気を運んでいるのです。ふたつの缶の静電気が等量になると画びょうは往復しなくなるので、片方の缶にそっと指を触れると、触れた缶の静電気が逃げます。すると再び二つの缶の静電気が同じくらいになるまで画びょうが往復します。

　見ていて飽きない楽しいおもちゃですが、ガソリンなどの燃えやすいものや、ペースメーカーやスマートフォンなどの電子機器が近くにないところで遊びましょう。(道満哲典)

　夕方になって家に帰るころ、空を見上げてみましょう。西の空に
とても明るく輝いている星を見つけることができます。惑星の金星
です。

　今回は金星について考えてみましょう。

　地球は太陽の周りを1年かけて1周します。これを公転といいま
す。太陽の周りを公転している惑星は、太陽から近い順に「水星、
金星、地球、火星、木星、土星、天王星、海王星」です。八つの惑
星があります。

　金星は地球の内側を回っています。そのため、月と同じように金
星は満ち欠けします。残念ながら肉眼では見ることができませんが、
モデルを使って満ち欠けと位置関係について考えてみましょう。

　まず、ピンポン球を二つ用意します。一方のピンポン球の半分を
黒い油性ペンで塗ります。黒いところは金星の夜で太陽が当たって
いないことを表します。白いところは光っている昼を表します。こ
れを丸いお盆の端に置きます。中央にもピンポン球を置きます。太
陽です。これを机の上に置いて、回しながら横から観察します。

　金星が左半分にあるとき、夕方に見えます。これを宵の明星とい
います。4月上旬には、③の位置にあります。三日月のような形に
見えるのを双眼鏡で見ると確認できます。地球と金星が近くなるの
で、大きく見えます。**図**の①と④の位置にあるときは、太陽・金星・

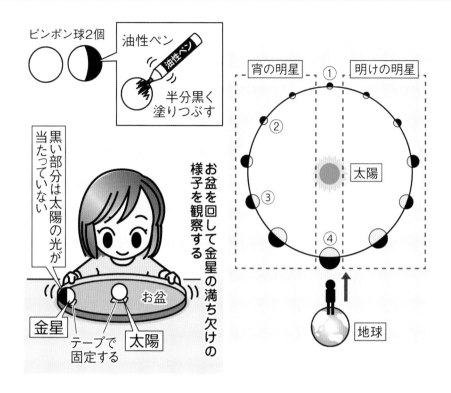

地球が一直線上になるので、地球からは見ることができません。金星と地球の距離が遠い②の位置にあるときは、丸く見えます。遠いので③の位置のときより小さく見えます。地球と金星の位置関係で見える形も変わってきますね。

　明け方の空に見えるのは明けの明星といいます。金星が右半分にあるときで、東の空に見ることができます。観察できる時間帯や方角の変化を実感するのもおもしろいですね。

　双眼鏡や望遠鏡などを使って観察するときは大人の人と一緒に観察しましょう。太陽などの強い光を出すものを見ないように注意してください。(敷田聖明)

70 不思議な引き込み現象

　コンサートが終わったとき拍手をしますね。アンコールというものがあります。アンコールの拍手は、なぜか自然にそろいます。一人一人は勝手に拍手しているのに、いつの間にか大勢の拍手の調子が合ってきます。

　こんな現象は、秋の夜の虫の声、蛍の群れの明滅、接近して並べたろうそくの炎の揺らぎなどで知られています。これは、同期現象とか引き込み現象と呼ばれ、身近なところでさまざまな形で観察することができます。

　初めてこの現象に気付いたのは、17世紀、振り子時計を発明したホイヘンスでした。彼は、二つの振り子時計を接近して置くと振り子が調子を合わせることに気付きました。

　この現象を見ることができる実験があります。複数のメトロノームを揺れる台の上に並べ、動作させると、最初ばらばらだった個々のメトロノームの動きが、しばらくすると徐々に一致し始め、最終的にはすべてが歩調を合わせるようになります。とても不思議な現象です。このメトロノームの実験動画はネット上で見ることができます。

　百円ショップのソーラースイングでも実験できます。これは太陽電池で内部の電磁石を駆動し磁石のついた振り子を動かしています。二つを左右に並べると、初め勝手に動いていた動きが、調子を合わ

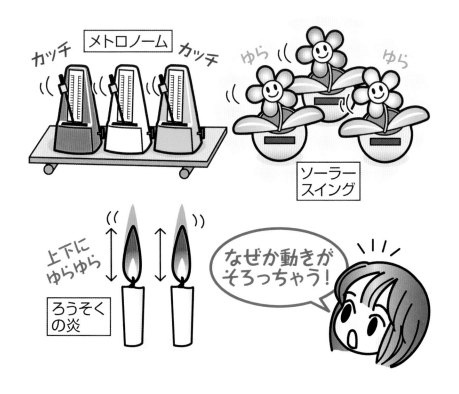

せて動き始めます。これは、互いに磁気的に影響しあうためと思われます。調子の合わせ方も、同じ向きでなく、逆向きになることもあります。前後や、向かい合わせに置いたりすると調子の取り方が変わります。円形に並べて動作させると、単に同期した状態で落ち着くのではなく、動きを止めるソーラースイングが現れ、その位置が徐々に移動する現象なども見られます。

　このように同期現象で時間的、空間的にパターンが現れるのは大変興味深いことです。ぜひ、百円ショップのソーラースイングを買い求めて並べ方による動作パターンの変化を観察してみてください。

（佐藤　誠）

水をめぐる光の不思議

　夏の風物詩といえば、なんと言ってもキンギョですね。キンギョ鉢の中をゆらゆら泳ぐさまは見ていてとても涼やかです。そこで今回は、即席のキンギョ鉢をペットボトルで作り、簡単にできる科学の実験に挑戦してみませんか。水をめぐる光の不思議を体験することができますよ。

　まず、炭酸飲料用のペットボトルの上の部分を切り取ります。次に、紙にキンギョの絵（金太と呼びます）を描いて、それをペットボトルの側面の外側にセロハンテープで貼ります。金太はどこからでもハッキリ見えますね。

　では、水を注いで、キンギョ鉢を完成させましょう。

　横から見ると（A図の目線）、水の中を泳いでいるように見える金太の姿が見えますね。ところが、斜め上から見ると（B図の目線）……、あれっ？　金太は消えてしまいました。不思議ですね。どこへ泳いで行ってしまったのでしょう。

　そもそも「ものが見える」のは、太陽や電灯などの光が見ている物体そのものに当たって、反射した光が目に届いているからです。しかし、B図の目線では、金太で反射した光よりも、より強い光が私たちの目に届いてしまい、金太がとても見えにくくなってしまうのです。

　光が水の中から空気の方へ進むとき、空気との境目ですべて反射

する場合があります。この現象を全反射といいます。**B図**の目線から見たとき、ペットボトルの底の方から金太に向かって進んだ光が、金太とペットボトルのわずかなすき間に空気があるために全反射して私たちの目に届きます。この光は金太に反射して目に届く光に比べてとても強いため、金太の姿はほとんど見えず、ペットボトルの底の方がはっきり見えてしまうのです。

さて問題です。**B図**の目線からでも見えるようにするためには、どうしたらいいでしょうか。ヒントは、金太の絵を水でぬらして、ペットボトルにすき間なくぴったりとくっつけてみましょう。金太は水の中にいるのと同じ。元気に泳ぐ姿が見えますよ。（田中和之）

72 小ギクを育ててみよう

　日本の代表的な花といえば、キクやサクラですね。キクは日本の気候、風土に適しています。みなさんもキク作りに挑戦してみませんか。

　キク作りの絶対条件が四つあります。①キクは日当たりのよい所が好き（夕日でなく朝日）②水はけのわるい所は大嫌い③痩せた土は嫌い④水不足と栄養不足も嫌い——です。

　植える土の条件は①水はけに優れている②水持ちがある③酸素を多く含む④肥料持ちがよい⑤弱酸性である⑥病虫害がない——などです。肥料の三大要素（窒素・リン酸・カリウム）を知っていますか。①窒素は葉肥②リン酸は花肥③カリウムは根の発育をよくします。肥料のやり過ぎは注意。

　水やりは成長に大きな影響があります。水分が多すぎると根の活動が弱るので、キクの葉がしおれかける前に水やりするのが効果的。朝か夕方にやります。

　病害虫予防の三原則は、①出さず②増やさず③持ち込まず——です。

　狭い場所で比較的簡単に初心者でもきれいに咲かせることができるキクを紹介します。初めてキクを作る人はまず、「小ギクの玉作り」からスタートしてはいかがですか。成長にしたがって大きくきれいな半球状（ドーム形）に小ギクの花でうずまるように仕立てる方法です。支柱を立てたり、摘芯（先端の芽を摘む作業）をしなくても自然

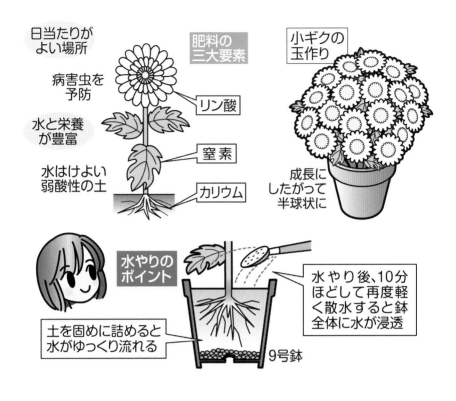

日当たりが
よい場所

病害虫を
予防

水と栄養
が豊富

水はけよい
弱酸性の土

肥料の
三大要素

リン酸

窒素

カリウム

小ギクの
玉作り

成長に
したがって
半球状に

水やりの
ポイント

土を固めに詰めると
水がゆっくり流れる

9号鉢

水やり後、10分
ほどして再度軽
く散水すると鉢
全体に水が浸透

にドーム形になる小ギクです。

　苗の入手方法は園芸店で買う、キクを栽培している人から譲り受
ける、通信販売で購入する、などがあります。手に入れた苗は4号
鉢（直径12㎝）に植え、根が鉢に十分にはってきたら少し大きな鉢
に植え替えます（丈夫な根に育てるため）。7月には9号鉢（直径27㎝）
に定植し、成長に合わせて肥料を施し、病虫害の予防を適宜おこな
います。

　以上のことを頭に入れて一度挑戦してみてはいかがですか。キク
の性質が分かったら、いろんな種類を栽培するとおもしろいですよ。

（岸　隆敬）

　使用済み携帯カイロとクエン酸（台所用で十分です）を使って、秋の木の実のシブ（タンニンという成分）を調べて、自然の理解を深めましょう。

　まず、クエン酸をぬるま湯（50〜60度）に溶けるだけ溶かします。底にクエン酸が残れば、少し水を加えます。この液に、使用済みの携帯カイロ（必ず使用済みのもの。細めのスティールたわしでもよい）の袋から鉄粉を取り出し、小さじ半分から1杯程度入れます。そのまま1日放置し、上澄みだけを別の容器に取り出します。これでクエン酸鉄の溶液ができます。

　この液はタンニンと反応すると青黒く変わります。タンニンの種類では紫がかることもあります。シブ柿なら青黒くなりますが、熟した甘柿は変化しません。

　これを公園などのドングリに使ってみましょう。ごく普通のドングリは青黒く変色します。ところが、昔の人がよく食べていたシイの実（スダジイやツブラジイ）は変色しません。公園に植えられているマテバシイは変化する部分もみられますが、あまり変化しません。クマの好むブナやイヌブナも変化はわずか。ドングリの仲間の栗も変化しません。この実験から、ドングリの仲間といっても、食用に適するものと、そうでないものがあるということが分かります。

　タンニンは、植物が虫や動物に食べられないように作っているも

溶かせるだけ
溶かす

小さじ
半〜1杯

クエン酸

ぬるま湯
50〜60℃

使い捨て
カイロ

スダジイ　マテバシイ　コナラ

ドングリを
半分に切って
液を少し
かけてみよう!

屋外で
一晩放置

上澄みをとる

クエン酸鉄
溶液

シブい実は
青黒く
変色するよ

タンニンが
多い

のです。ですから、虫に占領された部分の虫こぶ（ゴール）では非常に多くなり、マタタビの虫こぶ（虫えい）やヌルデにできる五倍子は多くのタンニンを含みます。これを利用して昔のお歯黒やインクの製造につながりました。

　シブの多いドングリは煮ると液に染み出ます。この液を2つに分け、片方にアルミニウムミョウバンを入れると黄色に変色します。クエン酸鉄では当然灰色や青黒です。それぞれに白い布を入れるとドングリの草木染になります。（吉村　功）

※注意　クエン酸鉄で染めた布は水洗いで完成ですが、ミョウバンで黄色く染めた布は薄めた酢に浸したあとで水洗いします。

74 「ドラゴンのカチカチ発電機」 を作ろう

　私たちは、毎日の生活の中で多くのエネルギーを使っています。その主なエネルギー源として電気をいろいろなものに変えて利用していますね。例えば、電気を光にするものとして電球、音にするものとしてブザー、熱にするものとして電熱器、物の動きにするものとしてモーターなど……。

　さて、2011年3月の東日本大震災では、電気は有限であることや日本のエネルギー事情を再認識することにもなりました。そのため、電気をこまめに消したり、使う量を減らす節電・省エネの促進やクリーンで持続可能なエネルギーを作るためのさまざまなアイデアが必要となってきています。そのアイデアの一つに「発電床」というものがあり、床型の装置の上を歩くことにより発電する仕組みとして実際に試行されています。この原理を探るため、「ドラゴンのカチカチ発電機」を作り、その仕組みを確かめてみましょう。用意する物は、フィルムケース、圧電素子（リード線付きのもの）、ビー玉2、LED 2、セロハンテープ、割りばし、画用紙です。

　①2組のLEDの足をねじってつなぎます。（交互に点滅させるため、足の長いものと短いものをつなぐ）

　②圧電素子のリード線とLEDをねじってつなぎます。

　③フィルムケースにビー玉を入れます。次に、圧電素子をフィルムケースの間にはさみ、ケース同士をセロハンテープで固定します。

④ビー玉を動かすとカチカチ音が鳴り、LED の明かりで発電しているようすが分かります。

⑤最後に、2組の LED はドラゴンの目の位置に取り付け、割りばしに取り付けたらできあがりです。

今回は、圧力のエネルギーを効率よく電気エネルギーに変換する実験を紹介しました。電気としては、LED の明かりがつく程度でしたが、普段使っている電池のパワーを改めて実感するきっかけにもなると思います。ぜひ、みなさんもクリーンで持続可能なエネルギーを作るアイデアを考えてくださいね。(稲田修一)

75 銅イオンの動きを見てみよう

　2019年、吉野彰さんがリチウムイオン電池の発明でノーベル賞を取りましたね。電池の中で、電気を運ぶものをイオンと言いますが、吉野さんはリチウムのイオンで電池を作りました。今回は銅イオンでやってみましょう。

　はじめに**図**のようにして寒天を作ります。必ず塩を入れてください。そして寒天をプラスチック容器（耐熱性）に高さ約2cmほど入れて冷やして固めます。

　次にイオンの動きを調べる装置を作ります。銅板（厚さ約0.2〜0.3mm）を縦横約3cmに切り取り、銅板間の距離が約5cmになるよう、寒天に平行に差し込みます。図のように乾電池、スナップ、ミノムシクリップをつなげます。銅板にミノムシクリップをつなげて電流を流します。銅板や寒天の様子を約1時間、観察してください。

　寒天はどうなっていきますか？　＋側の銅板から青色が出て、－側に向かって広がっていく様子が観察できると思います。その理由を考えてみましょう。寒天を作るとき、塩を加えたのは寒天に電流を流れやすくするためです。塩は水に溶けると電気を通すようになります。これを電解質といいます。電解質の物質は水に溶けると陽イオンと陰イオンに分かれます。このイオンが水溶液に電流を流す手助けをします。寒天を加熱して水に溶かして冷ますと固まりますが、中にはたくさんの水が閉じこめられています。食塩を溶かした

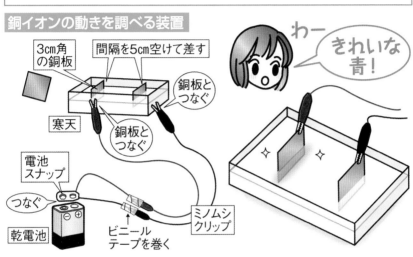

寒天に電流を流すと＋側につないだ銅板では銅が銅イオンとなって溶けだします。金属の銅は赤に近い色をしていますが、銅イオンになると青色になり、寒天にその色がついて見えます。銅イオンは＋の電気をもっているので寒天についた青色が－側の銅板にひかれていくのです。銅の他の金属にも色のつくものとつかないものがあります。また、銅板の距離を変えてみるなどいろいろと試してみると新しい発見があるかもしれませんよ。（木庭雅保）

注意 ■観察が終わったら必ず電池を外しましょう。■使った寒天は食べないで。■火を使っている場所や閉め切った場所では実験はせず、換気をしてください。■文中では青で統一しましたが、銅の成分（不純物）により、薄い青や深い青になることがあります。

プスっと刺しても
割れない風船

　パンパンにふくらませた風船に、つまようじを突き刺すと、ど
うなりますか？　もちろん割れます。「パーンッ！」と。でも、もし
割れなかったら？　超能力者みたいで、すごいですよね。

　今回は、風船をプスっと刺しても、割れない方法を教えます。

　やり方はとっても簡単。セロハンテープ（ほんの少しでOK）を風
船に貼って、そのテープを貼った上から、つまようじや針などを突
き刺すだけ！　このとき、針は刺したままにして、抜かないでくだ
さい。お友達に見せるときは、セロハンテープを貼っていることが
ばれないようにしましょう。針の先でケガをしないように、十分に
注意してください。

　風船を針で刺すと、普通「パーンッ！」という大きな音がします。
そもそも、どうして風船が割れる時は、大きな音がするのでしょう
か？

　中学校の理科で学びますが、音とは空気の振動です。風船は元々
小さいゴム製の袋です。これに空気を入れて、むりやり薄く大きく
広げたのが風船です。風船に穴を開けると、元の小さい袋に戻ろう
として、中の空気を一気に押し出します。押し出された空気は、周
りの空気を揺らし、大きな音が出ます。

　セロハンテープを貼ると、風船は引っ張られて薄くなった形でキ
ープされます。だから、テープの上から針で穴を開けても、風船は

①風船にテープを貼る

パーンッ！

刺しちゃうぞ〜

②

ドキドキ

テープを貼った部分を針で刺す

レモンやみかんの皮の汁をかけると…

↓

パーンッ！　割れる

割れ　ない！

③

すごーい！

すぐに小さくなりません。ちなみに針を抜くと、しょぼしょぼとゆっくり空気が抜けていくので、音を出さずに風船を小さくできます。風船を捨てたいときにも便利です。

　逆に風船が割れる大きな音やドキドキ感を楽しみたい人は、レモンやミカンの皮がおススメです。風船に向かって新鮮なかんきつ類の皮の搾り汁をかけると、「パーンッ！」と割れます。これは、かんきつ類の皮に多く含まれる「リモネン」という油の成分が、ゴムを溶かすからです。「リモネン」は他に発泡スチロールも溶かします。風船をもらったときには、今回の方法を思い出して、ぜひやってみてくださいね。（増田皓子）

偏光板でステンドグラスを作ろう

　2011年にテレビ放送は地上デジタル放送に完全移行しました。家庭のテレビが薄型の液晶テレビになったご家庭も多いのではないでしょうか。

　液晶テレビには「液晶」という物質が入っていることはよく知られています。しかし、液晶が入っているだけでは画面には何も映りません。映像を映すために大きなはたらきをしているものが偏光板です。偏光板は「偏る」という字が付いているように、光を偏らせるはたらきを持っています。

　では、光を偏らせるとはどういうことでしょうか。

　光は電磁波の一つで、テレビやラジオ、携帯電話などの電波の仲間です。その動きを目で見ることはできませんが、波のようにさまざまな方向に振動しながら光源から進んでいます。

　一方、偏光板は、肉眼ではただの薄暗い板のように見えますが、図のように細かいストライプが入っています。偏光板を通して光を見ると、この細かいストライプの隙間を通る光しか見えなくなるので、ストライプを縦に置けば縦の波だけ、横に置けば横の波の光しか通さなくなります。

　液晶テレビにはこの偏光板が貼ってあります。液晶テレビに向けて偏光板を持ち、回してみると、明るく見えるときと暗く見えるときとがあります。つまり、液晶テレビから出ている光は偏った光な

偏光板

拡大
してみると…

液晶テレビ

テレビが
暗く見える

偏光板を
回してみると…

偏光板
ステンドグラス

透明な板に
セロハンテープを
ランダムに貼る

2枚の偏光板で
はさむ

きれい!

のです。

　偏光板の性質を利用して、きれいなステンドグラスを作ってみましょう。ガラスなどの透明な板にセロハンテープをランダムに貼り付けます。それを2枚の偏光板で挟んで片方を回しながら見てみましょう。

　とてもきれいな虹色が見えますか？　セロハンテープの重なった枚数や角度がさまざまであればあるほど、いろいろな色が現れます。同じように透明のプラスチック製品を偏光板で挟んで見てみても、虹色が現れるでしょう。CDケースやイチゴパックがおすすめです。

　偏光板は、身の回りの物にたくさん使われています。他にどんなところに使われているか探してみてください。(戸川有紀)

78 小麦粉で粘土を作ろう

　家の中には科学のネタがいっぱいあります！　不思議に思ったことや、なぜと思ったことを、研究してみるのもいいかもしれませんね。

　ここでは、台所にある小麦粉を使って粘土を作る実験を紹介したいと思います。小麦粉に含まれるグルテンは加熱をすると硬くなるので、その性質を利用して粘土にします。以下の手順でやってみましょう！

【作り方】

　①材料を用意します。小麦粉 10 ｇ、紙コップ１個、水８ｍＬ（粘土に色をつけたいときは、食用の色素を使うとよい）

　②紙コップに小麦粉、水（色をつけるときは色素も）を入れてかき混ぜる

　③電子レンジを 500W に設定し、30 秒加熱する

　④加熱が終わったら紙コップを取り出し、少し放置して冷ましてからコップの中にある小麦粘土を取り出して出来上がり。

　台所にあるもので手軽に作って遊べるので、ぜひやってみてください。水の分量は目安ですから、少なすぎると硬くなったり、多すぎるとやわらかくなったりします。水の量はいいように調節してもらって大丈夫ですが、少なすぎると小麦の塊がこげた感じになるので気をつけましょう。ここでは小麦粘土を紹介しましたが、他にも家の中には科学や実験のネタがいっぱいあるかもしれませんね。（今

材料

紙コップ　小麦粉10g　水 8mL　食用色素

いろんな色粘土を
作ってみよう!

小麦粉と水を
入れ、かき混ぜる

色をつける場合は
色素も入れる

電子レンジで
30秒加熱
500w

少し冷まして
出来上がり!

小麦粉に含まれる
グルテンは、熱を
加えると硬くなる

井琢登)

注意点

・電子レンジから取り出してすぐは、粘土が熱いので気をつけてく
　ださい。

・小麦粉を材料に使っているため、アレルギーがある人は触(さわ)らない
　ようにしましょう。

・食べられる材料で作ってはいますが、ゴミなどがつくので食べな
　いようにしましょう。

・遊び終わった後の小麦粘土は捨(す)てるようにしましょう。室温で放
　置していると、すぐにカビが生えます。

79 転がるシャボン玉

　みなさんは、シャボン玉を飛ばしたことがありますか。童謡にも、屋根まで高く飛んでいくという歌詞があります。シャボン玉と言えば空を飛ぶもの……ですが、シャボン玉が転がったら不思議ですよね。転がすためには、割れにくいシャボン玉をつくる必要があります。やってみましょう。

　材料は、食器用洗剤５ｇ、砂糖 10 ｇ、お湯 15 ｇです。何度も実験してみましたが、洗剤１に対し、砂糖が２、お湯が３の比率だと、割れにくいシャボン玉が簡単につくれます。洗剤の種類によって調整すれば、オリジナルのシャボン液ができるので、試してみるのもいいですね。

　次に、転がすためには、シャボン玉自体を浮かないような重さにし、また転がる面にくっつかないようにする必要があります。これらを満たした装置を作ってみましょう。材料は、シャボン液、ストロー、ドライアイス、水、口の細いプラスチック容器、タオル地の布（ぞうきんなど）、厚紙です。

　最初に、ストローの先に切り込みを入れて開いたものを、プラスチック容器に差し込んでおきます。そして、容器の中に水とドライアイスを入れてふたをし、ストローの先にシャボン液をつけると、浮かないシャボン玉の完成です。

　同じ物質でも、温度によって固体・液体・気体と変わることを状態変化といいます。ですが、二酸化炭素を固めたドライアイスは、

**割れにくい
シャボン玉液**

お湯 15g

食器用洗剤 5g

砂糖
10g　さとう

転がしてみよう

先を割った
ストロー

しょうゆさしなどの
プラスチック
容器

ドライ
アイス

乾いたタオル

固体から直接気体になる性質を持っています。ドライアイスは物を冷やす時に使われるように、固体の時にはとても冷たいので、水の中に入れると温められて気体になります。また、二酸化炭素の気体は空気よりも重いため、浮かないシャボン玉になるのです。

　しかし、浮かないシャボン玉をつくるだけでは、転がりません。厚紙などで坂道を作り、タオル地の布をのせて先ほどのシャボン玉を落とすと、少し弾みながら転がっていきます。平らな面よりもタオルのような生地の方が、シャボン玉をはじくからです。シャボン玉を何度か転がすと、布に水分がしみ込みはじかなくなりますが、そのときは乾いた布に替えてみてください。（池本　彩）

80 磁石に引き寄せられる意外なもの！？

　磁石に引き寄せられる意外なものがあります。クレヨン、紙幣、コーンフレークです。ただし、普通の磁石では引き寄せられないので、強い磁力をもつネオジム磁石を用意してください。ネオジム磁石の形は製品によってさまざまですが、通常分厚いボタンのような形をしています。今回の実験では2個を重ねて使いますが、幼児が誤って口に入れたり、指をはさんだりしないように気を付けてください。

　はじめに調べるのがクレヨンです。まず、磁石に引き寄せられる様子を観察しやすくするために、発泡スチロールを用意してください。クレヨンが載せられる程度の大きさに切断してクレヨンを載せ、水を入れたボウルに浮かべてみましょう。クレヨンの端の方にネオジム磁石を近づけると、クレヨンが動きます。茶色とこげ茶色のクレヨンが反応します。

　次に紙幣です。千円札や1万円札を机の上に伸ばして置き、ネオジム磁石を近づけてみましょう。お札の数字の部分や人物を印刷している部分が引き寄せられます。

　次に、つまようじと洗濯ばさみを用意します。つまようじの根本を洗濯ばさみではさみ、とがった方を上にして、その上に二つ折りにしたお札を載せます。印刷している部分にネオジム磁石を近づければ、お札が回転します。

168

ネオジム磁石　　紙　幣　　クレヨン　　コーンフレーク

近づける
二つ折りした紙幣
くるくる
つまようじ
洗濯ばさみ

引き寄せられる！
コーンフレークかクレヨン
発泡スチロール
水を入れたボウル

　最後にコーンフレークです。適量とり、クレヨンと同様に発泡スチロールの上に載せて、水の上に浮かべます。コーンフレークの横からネオジム磁石を近づけると、磁石に引き寄せられる様子が観察できます。

　このように意外なものが磁石に引き寄せられたのは、それぞれの中に、磁石に引き寄せられる性質のある物質「磁性体」が含まれていたからです。クレヨンには茶色を出す原料に、紙幣には数字や文字を印刷するためのインクの原料に、そして、メーカーによっては原材料に「鉄」と表記するなど、多くのコーンフレークにも「鉄」が磁性体として含まれています。(佐々木弘記)

【執筆者一覧】

■監修
高見　寿（岡山理科大学科学ボランティアセンター・コーディネーター兼非常勤講師）

■執筆 （50音順、カッコ内は執筆当時の肩書、数字は掲載ページ）
粟野　諭美（岡山天文博物館）、P52
池田　一成（岡山大学教育学部附属小学校教諭）、P120
池本　彩（岡山市立吉備小学校教諭）、P166
石井　亮太（岡山県立和気閑谷高校教諭）、P68
伊藤　裕之（岡山市立竜之口小学校教諭）、P58
糸山　嘉彦（人と科学の未来館サイピア・サイエンスインストラクター）、P104
稲田　修一（倉敷市教委倉敷教育センター指導主幹）、P156
今井　琢登（岡山県立岡山大安寺中等教育学校教諭）、P164
采女　詠一（浅口市立寄島中学校教諭）、P110
大木　進（ノートルダム清心女子大学非常勤講師）、P116
大崎　行博（倉敷市立下津井東小学校教頭）、P86
小野　佑介（岡山県立岡山操山高校教諭）、P118
片山　翔太（倉敷市立児島中学校教諭）、P112
亀山　朗（高梁市立高梁小学校教諭）、P28
河原　大輔（岡山市教委指導主事）、P66
岸　誠一（岡山市立吉備小学校校長）、P128
岸　隆敬（岡山県菊花振興会理事長）、P152
喜多　雅一（岡山大学教育学部教授）、P12、P94
木庭　雅保（岡山理科大学学習支援課）、P158
草薙　律（元岡山県立倉敷南高校教諭）、P10
小池　哲晴（岡山県立岡山操山高校教諭）、P108
小谷　将史（岡山県勝央町立勝央中学校）、P138
小畠　清志（岡山県立笠岡高校教諭）、P32
近藤　英樹（高梁市立川上小学校指導教諭）、P26
坂根　弦太（岡山理科大学理学部化学科准教授）、P114
佐々木　和憲（岡山県立倉敷工業高校教諭）、P30
佐々木　弘記（中国学園大学教授）、P168
佐藤　誠（津山高専総合理工学科教授）、P60、P148
敷田　可奈（玉野市立東児中学校教諭）、P24
敷田　聖明（倉敷市立福田中学校教諭）、P146
重松　利信（岡山理科大学教授）、P22
生部　昭光（岡山県立総社高校教諭）、P126
宗田　晋太郎（岡山県立玉島高校教諭）、P46
髙原　遼（岡山市立旭東中学校教諭）、P50
高見　寿（岡山理科大学科学ボランティアセンター・コーディネーター兼非常勤講師）、P40
滝沢　有香（岡山市立高松中学校教諭）、P18
武下　博彦（タマデン工業取締役工場長）、P132

武田　芳紀（岡山理科大学科学ボランティアセンター・コーディネーター兼非常勤講師）、P90
田中　和之（岡山県立岡山操山中学校教諭）、P150
田中　康敬（自然体験リーダーズクラブ会長）、P72
田主　裕一朗（公益財団法人科学振興仁科財団事務局長）、P92
田淵　博道（５分物理の会会員）、P14、P64
玉井　とし子（ＮＰＯ法人岡山市子どもセンター副代表理事）、P38
田脇　綾子（岡山県立岡山南支援学校教諭）、P54
辻　　志帆（人と科学の未来館サイピア・サイエンスインストラクター）、P16
坪井　民夫（岡山県立津山高校指導教諭）、P84
道満　哲典（岡山県立新見高校教諭）、P144
戸川　有紀（岡山市立宇野小学校教諭）、P162
中倉　智美（岡山市立高松中学校教諭）、P78
中屋敷　勉（岡山県立笠岡高校教諭）、P80
西本　淳二（岡山市立城東台小学校教諭）、P142
能勢　樹葉（井原市立木之子中学校教諭）、P74
橋田　千寿（岡山県立倉敷天城中学校教諭）、P106
秦　　宏典（岡山市北区庭瀬・不変院住職）、P100
浜田　　晃（岡山市立小串小学校教諭）、P70
晴田　和夫（岡山県立東岡山工業高校教諭）、P88
東　　伸彦（岡山大学教育学部附属中学校教諭）、P48
廣田　裕一（岡山県立倉敷青陵高校教諭）、P44
福井　広和（岡山市立岡山中央小学校教諭）、P102
藤田　　学（岡山県立備前緑陽高校教諭）、P36
藤原　晶子（岡山県立倉敷翔南高校教諭）、P134
細川　博資（岡山市立西大寺中学校教諭）、P20
槙野　邦彦（倉敷市立西中学校教諭）、P62
増田　皓子（山陽学園高校非常勤講師）、P160
三上　久美（岡山県立岡山支援学校教諭）、P42
三木　淳男（岡山市立旭東中学校教諭）、P96
宮宅　康郎（岡山理科大学学習支援センター教育講師）、P140
村瀧　康子（科学ボランティア）、P130
村山　大輔（倉敷市立玉島高校教諭）、P124
本山　武志（岡山県立高梁高校教諭）、P136
山下　浩之（岡山理科大学講師）、P82
山村　寿彦（岡山県立東岡山工業高校教諭）、P34
山本　卓也（倉敷市立新田中学校教諭）、P76
横田　綾子（倉敷市立東中学校教諭）、P98
横山　昌弘（総社市立総社中央小学校教頭）、P56
吉村　　功（岡山理科大学科学ボランティアセンター・コーディネーター兼非常勤講師）、P154
吉村　浩司（岡山大学教授）、P122

■イラスト
ウノ　サチコ

「おもしろ実験研究所」新聞掲載日一覧

あとがき

　ここに載せた実験は、身近な材料を使って、家でできる実験です。たいていのものは、みなさんの家にあるものです。休みの日などに、ぜひ自分でやってみてください。

　簡単そうに見える実験でも、実は内容はとても深いものばかりです。正しく理解するには、中学校や高校できちんとした理科の学習が必要です。そういったことの準備として、楽しんでもらえたらいいと思います。

　身近にあるものはなんでも実験材料となります。やった経験をもとに、新しい実験を開発してもらいたいと思います。自分で工夫して、どこにも書いていない新しい実験をすることはとてもおもしろいことです。難しいですが、ぜひ挑戦してみてください。

　大人の方にお願いです。この本を読んで、子どもたちがいろいろな材料で、何か実験を始めると、散らかしたりゴミが出たりするかもしれません。そのときは、何かの創造の場面だとして、温かい目で見守ってもらいたいと思います。それより、大人も一緒になってするのがいいと思います。

　出版に当たっては多くの方々に協力いただきました。まず、執筆していただいた方々に感謝申し上げます。山陽新聞社の方々には、毎月の掲載から出版に至るまでお世話になりました。ありがとうございました。

　おもしろ実験研究所は今後とも続けていくつもりです。どうかご支援よろしくお願いいたします。

高見　寿

監修者

高見　寿（たかみ　ひさし）

岡山理科大学非常勤講師、岡山理科大学科学ボランティアセンター・コーディネーター。元岡山県立高校教諭（物理担当）、岡山県教委科学教育推進アドバイザー、「おもしろ実験研究所」、「5分物理の会」各主宰。JSTサイエンスレンジャー。

所属

日本物理教育学会（2017年日本物理教育学会賞受賞）、物理教育研究会、「ガリレオ工房」

著書

「教室でできる5分間ぶつり実験」（日本評論社、2009）、「備中町再発見」（岡山文庫、2020）、「早わかり物理50の公式」（講談社ブルーバックス、共著）、「物理なぜなぜ事典」（日本評論社、分担執筆）、「新しい高校物理の教科書」（講談社ブルーバックス、分担執筆）、「物理実験辞典」（東京書籍、分担執筆）、「光と色の100不思議」（東京書籍、分担執筆）など

「改訂新版 おもしろ実験研究所（じっけんけんきゅうしょ）」

2016年 5月 7日　初版第1刷発行
2020年11月15日　改訂新版第1刷発行

監　　修	高見　寿（たかみ　ひさし）	
編　　集	おもしろ実験研究所（じっけんけんきゅうしょ）	
発 行 人	江草　明彦	
発 行 所	株式会社山陽新聞社	
	〒700-8534 岡山市北区柳町二丁目1番1号	
	電話(086)803-8164　FAX.(086)803-8104	
制　　作	尾上　光宏	
イラスト	ウノ　サチコ	
印 刷 所	モリモト印刷株式会社	

ISBN978-4-88197-760-6
© omoshiro-zikken-kenkyusyo2020